Gernot Minke

Paredes e Rebocos de Terra

Sistemas – Execução – Orientações Práticas

RiMa
2019

Tradução
Daniel Pinheiro e Caio Martins (COBI - Arquitetura Orgânica e Engenharia)

Foto da capa: Marcelo Cortés

M665p	Minke, Gernot
	Paredes e rebocos de terra: sistemas, execução, orientações práticas / Gernot Minke – São Carlos: RiMa Editora, 2019.
	79 p. il.
	ISBN – 978-65-80035-10-6
	1. arquitetura de terra. 2. sustentabilidade. 3. construção sustentável. 4. bioconstrução. I. Autor. II. Título.

COMISSÃO EDITORIAL

RiMa

www.rimaeditora.com.br
Rua Virgílio Pozzi, 213 – Santa Paula
13564-040 – São Carlos, SP
Fone/Fax: (16) 988064652

SUMÁRIO

PREFÁCIO

Esta obra coloca à disposição do leitor a descrição e ilustração de diferentes sistemas tradicionais e modernos de paredes e rebocos de terra, incorporando sistemas antissísmicos.

Ilustrado com imagens coloridas, o livro transmite a elaboração e aplicação de diferentes dosagens, assim como opções de acabamentos, alternativas estéticas para erguer paredes e preparar rebocos, incluindo tintas e aspectos relativos à proteção contra a chuva.

Este livro é útil não apenas para arquitetos, engenheiros e empreiteiros, mas também serve de guia para aqueles que desejam autoconstruir, sem necessariamente ser um profissional da área.

No Ocidente, o uso da terra como material de construção tem sido desprestigiado pela indústria e pelo comércio por conta de interesse econômico, além de outras razões históricas e sociais. Permitir que o uso da terra seja considerado um "material do passado" ou "exclusivo à população de baixa renda" seria um erro e um absoluto desperdício.

Felizmente, nos tempos atuais, a terra está se revalorizando graças a suas enormes vantagens construtivas, econômicas, sociais e ambientais. Este livro é uma contribuição na busca pela evolução necessária à construção de um ambiente humano integrado à natureza, com ciência e com consciência.

1. INTRODUÇÃO

1.1 O barro como material de construção

Com a palavra barro nos referimos à terra argilosa utilizada em seu estado natural na construção. Trata-se de uma mistura de argila, limo (silte), areia e agregados maiores como gravilha ou cascalho. A argila é o produto da erosão do feldspato e de outros minerais, comportando-se como aglutinante dos agregados com maior granulometria.

A argila é um mineral de estrutura laminar hexagonal. Há diversas argilas com diferentes características. A montmorilonita, por exemplo, apresenta alto poder aglutinante (efeito de coesão) e, ao mesmo tempo, evidencia grande retração quando seca. A caulinita, por outro lado, possui baixo poder aglutinante e também baixa retração quando seca. O barro pode apresentar diferentes cores, cuja origem advém dos óxidos metálicos presentes em sua composição (ver *Figura 1.1-1*).

Em alguns casos, pode-se desconsiderar a identificação do tipo ou da quantidade de argila existente na massa para a construção de paredes de barro. Desse modo, não se vai investigar a fundo, aqui, os tipos de minerais existentes na fração argila que compõe o solo presente no barro.

Três características mostram-se decisivas para o uso prático do barro:

1. A retração e, com ela, a formação de fissuras durante e após a secagem.
2. A resistência à abrasão da superfície.
3. A resistência à erosão da superfície (causada pela chuva).

Fig 1.1-1

Para obter outras informações sobre esses ensaios, ver as *seções 1.5 a 1.7* (ver também: Minke, 2013).

A força aglutinante da argila é ativada basicamente com água e movimento. Se existe umidade suficiente, então se originam forças de atração entre os íons metálicos da argila. Durante o amassamento do barro, os minerais de argila têm a possibilidade de se agregar entre si, resultando, após a secagem, em um produto de grande resistência. Por outro lado, o pó de barro seco, compactado numa prensa sob alta pressão, não produz um material coeso, podendo ser facilmente desagregado com as mãos.

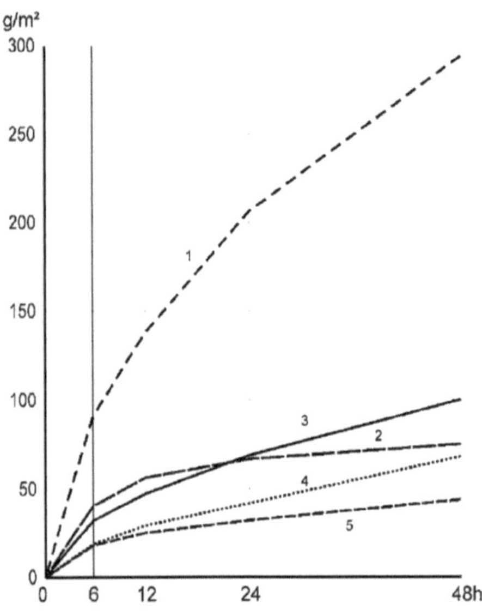

Fig 1.1-2

Em comparação com materiais industrializados comuns, o barro apresenta três desvantagens:

1. O barro é um material de construção não estabilizado

Suas caraterísticas normalmente variam muito.

2. O barro se contrai ao secar

A formação de fissuras, por conta da retração, pode variar de acordo com a quantidade de água e também com a quantidade e o tipo de argila adicionada.

3. O barro não é impermeável

O barro deve ser protegido da chuva e, em climas úmidos, também das geadas. Se não existe nenhuma proteção construtiva, por exemplo beirais, então deve-se impermeabilizá-lo com adições de estabilizantes, rebocos ou pinturas.

Por outro lado, o barro apresenta muitas vantagens quando comparado com os materiais de construção industrializados. As seguintes seis características se mostram relevantes para as paredes de barro:

1. O barro possui propriedades térmicas

Como outros materiais sólidos, o barro armazena calor. Em zonas climáticas nas quais a oscilação de temperatura é ampla (amplitude térmica elevada) ou em regiões em que é necessária alta inércia térmica nas paredes das edificações, o barro atua no equilíbrio do clima interno.

2. O barro economiza energia e não produz contaminação ambiental

Para preparar, transportar e trabalhar com o barro in loco, necessita-se apenas de 1% a 5% da energia necessária à produção e transporte de concreto armado ou tijolos cozidos.

3. O barro é reutilizável

Pode ser reutilizado ilimitadamente: basta triturá-lo e umedecê-lo com água para que retorne ao estado plástico, permitindo-se ser facilmente moldado.

4. O barro economiza custos de transporte

Geralmente, o barro é encontrado no entorno da obra. Muitas vezes pode-se obtê-lo da escavação das fundações. Quando contém muita argila, o que é muito comum, adiciona-se areia para promover a estabilização.

5. O barro não apresenta efeitos nocivos

É agradável para a pele e não produz efeitos negativos provenientes da toxidade, ao manuseá-lo, como acontece com o cimento ou a cal.

6. O barro regula a umidade no ambiente

Tem a capacidade de absorver e devolver a umidade mais rapidamente e em maior quantidade que os outros materiais maciços da construção. A terra tende a absorver umidade quando a umidade relativa é maior que 50%, enquanto, por outro lado, fornece umidade se a umidade relativa é inferior a 50%; isso significa que regula o clima interior do espaço.

As *Figuras 1.1-2 e 1.1-3* mostram as curvas de absorção de diferentes materiais.

As amostras em formato cúbico, com 1,5 cm de espessura, foram seladas em cinco lados, de modo que a umidade só pode penetrar uma única superfície. Foram então colocadas numa câmera climática a 50% de umidade relativa por várias semanas e, posteriormente, aumentou-se bruscamente para 80%, medindo-se a absorção de água durante dois dias.

Os resultados mostraram que, por exemplo, um tijolo cru absorve em dois dias aproximadamente 300 g de água por m², enquanto um tijolo cozido absorve apenas 30 g por m².

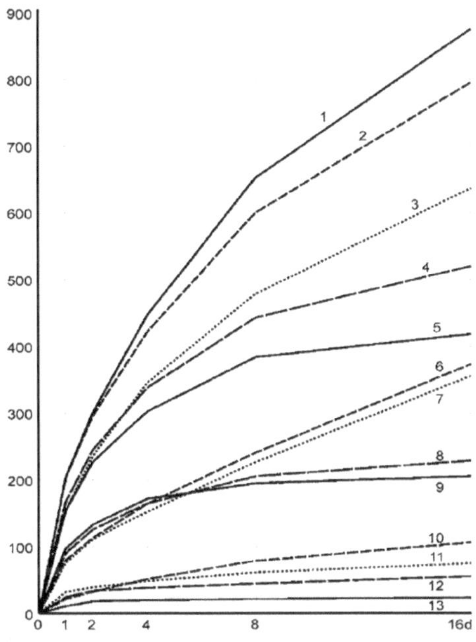

Fig 1.1-3

Fig 1.2-1

Fig 1.2-2

Fig 1.2-3

Fig 1.2-4

1.2 Preparação do barro

Quando a terra provém de escavação, é preciso se certificar de que não seja extraída da parte superficial, já que contém húmus. Normalmente consegue-se uma terra apropriada para a elaboração de rebocos em zonas com menor presença de raízes, a partir de uma profundidade entre 30 cm e 50 cm.

Um barro "gorduroso" (com alto teor de argila) deve ser previamente embebido em água e deixado em repouso por algum tempo até que os torrões de argila se dissolvam.

Este processo pode ser acelerado amassando-se o barro com os pés até que se forme uma pasta homogênea. Areia, palha cortada ou similares podem ser incorporadas.

Para o barro úmido, pode-se empregar um misturador com rodas como o da *Figura 1.2-1* ou um misturador de eixo vertical (*Figuras 1.2-2 a 1.2-4*). Indica-se o uso da betoneira apenas para o barro pulverizado e seco ou muito líquido com areia e cascalho.

Numa mistura comum de barro úmido no estado plástico, a utilização da betoneira pode provocar um efeito inverso à homogeneização, resultando no aumento da formação de torrões. Além disso, grande quantidade de barro fica aderida às paredes da betoneira.

Para se extraírem as partículas maiores presentes na terra, como cascalho e pedras, é preciso peneirá-la. É mais fácil quando a terra está seca. Se contém muitos torrões, é mais vantajoso triturá-los previamente. As *Figuras 1.2-5 e 1.2-6* mostram o peneiramento manual, em que o material decantado cai em uma carriola. Uma única pessoa apoiando a peneira sobre um tronco de árvore pode fazer essa tarefa sozinha, como se vê na *Figura 1.2-6*.

Na *Figura 1.2-7* é mostrada uma peneira rotatória impulsionada por um motor.

Fig 1.2-5

Fig 1.2-6

Fig 1.2-7

Fig 1.3-1

1.3 Ensaios para determinar a composição do barro

Pode-se dizer que, essencialmente, um reboco de barro deve conter grandes quantidades de areia grossa (tamanho dos grãos de 0,6 mm a 2 mm), enquanto o conteúdo de argila deve ser de apenas entre 5% e 10%.

Para saber se um reboco tem consistência e composição adequadas, faz-se um teste muito simples: ao coletar uma amostra com uma colher, esta deve permanecer aderida firmemete quando a colher estiver orientada na vertical; já se for lançada contra parede, a amostra deve deslizar com facilidade.

Na elaboração de rebocos, não é essencial obter uma granulometria exata do barro, tampouco realizar uma análise mineralógica minuciosa como as que são oferecidas pelos laboratórios especializados. O importante para o usuário é identificar, primeiro, a retração durante a secagem e, com isso, a fissuração; em seguida, a resistência à abrasão da superfície; e, por fim, a resistência à erosão (ver *seções 1.5 a 1.7*).

Para isso indica-se que a preparação de amostras siga o que é descrito na *seção 1.4*.

Além disso, aconselha-se realizar alguns ensaios de campo para determinar qual o potencial de utilização do barro disponível, avaliando também a necessidade de adicionar estabilizantes.

Geralmente é possível estimar a quantidade de argila e areia presentes no barro. Para isto, testes apropriados são descritos a seguir:

Ensaio da queda da bola

A amostra de barro a ser ensaiada deve estar o mais seco possível, porém suficientemente úmida para formar uma bola de 4 cm a 5 cm de diâmetro. A amostra deve ser solta em queda livre de uma altura de 1,5 m (ver *Figura 1.3-1*).

Caso a amostra apresente ligeira deformação após a queda, com pouca ou nenhuma fissura, como a primeira amostra da *Figura 1.3-2*, então o barro apresenta alto teor de argila em sua composição e deve ser estabilizado com areia ou partículas mais grossas.

Se a amostra se desagrega ao tocar o chão, como a quarta amostra da *Figura 1.3-2*, então se trata de barro extremamente arenoso, que não deve ser utilizado como reboco. Os demais casos são considerados apropriados à elaboração de rebocos.

Fig 1.3-2

Ensaio de adesão

A amostra de barro a ser utilizada neste procedimento deve ser análoga à empregada no ensaio da queda da bola, no tópico anterior. Pode-se estimar o potencial de adesão do barro ao lançar-se a bola com força contra uma parede vertical de superfície rugosa.

Se a amostra lançada cair após o impacto contra a parede, então o barro contém muita areia e pouca argila. Por outro lado, se a amostra aderir à parede após o lançamento e for difícil retirá-la manualmente, então o barro contém muita argila e pouca areia. Uma amostra de barro apropriada deve permanecer aderida à parede, porém permitir sua retirada facilmente com as mãos.

Ensaio de corte

O ensaio de corte permite identificar o caráter da fração mais fina presente no barro, classificando-o como argiloso ou siltoso (limo). A amostra de barro para o ensaio deve ser moldada em formato esférico e posteriormente cortada ao meio com uma faca, que é também utilizada para alisar por atrito uma das superfícies resultantes do corte, que será analisada (*Figura 1.3-3*).

Se a superfície apresenta aspecto fosco, então o barro contém predominantemente silte (limo); superfície brilhante evidencia alto teor de argila. Quando houver componentes grossos (torrões ou cascalho), estes devem ser colocados, com o auxílio da faca, no interior da superfície cortada.

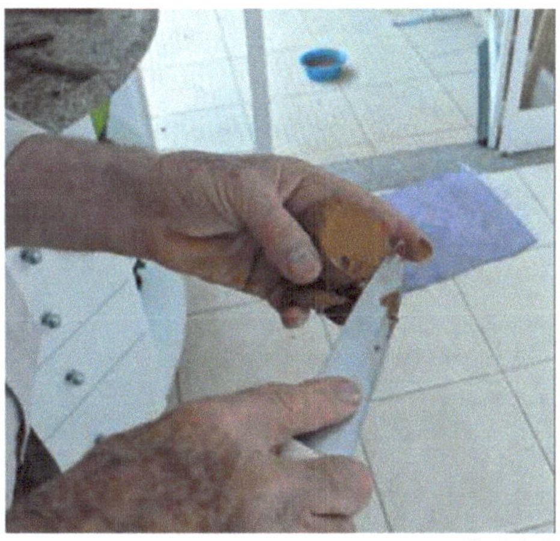

Fig 1.3-3

Fig 1.3-4

Fig 1.3-5

Fig 1.3-6

Ensaio de esfregar e lavar

Neste procedimento, uma amostra de barro úmido é passada por entre os dedos e a palma da mão. Caso se mostre granulada, significa que contém areia.

Se o barro agrega ligeiramente às mãos, porém depois de seco perde a aderência e os resquícios são facilmente retirados com água (*Figura 1.3-4*), então ele dispõe de alto teor de silte e pouca argila.

Se o barro agrega com força às mãos e, mesmo durante a lavagem, mantém alguma aderência, então pode-se concluir que possui alto teor de argila em sua composição (*Figura 1.3-5*). É preciso lembrar que conhecer o conteúdo de argila ou silte é importante no momento de construir, para que sejam utilizadas as técnicas construtivas mais adequadas para cada tipo de solo.

Ensaio de acidez

Os barros que contêm cal dispõem, de modo geral, de pouca adesão e são considerados inapropriados para a elaboração de rebocos. A presença da cal pode ser identificada a partir da adição de gotas de limão ao barro, que reage com a cal, ocasionando a formação de espuma pela liberação de CO_2 (*Figura 1.3-6*).

Ensaio de coesão

O ensaio de coesão com solo funciona quando o barro não possui granulometria maior que 2 mm de diâmetro. Este procedimento se dá a partir da conformação manual de um cilindro de barro com diâmetro uniforme entre 15 mm e 20 mm (*Figura 1.3-7*). O corpo de prova, em forma de salsicha, deslizará parcialmente para fora da palma da mão, como se vê nas *Figuras 1.3-8* e *1.3-9*.

Quanto maior o comprimento do cilindro ao se romper, maior o conteúdo de argila presente no barro. Para rebocos, indicam-se barros cujo corpo de prova apresente comprimento longitudinal de ruptura entre 5 cm e 8 cm, como é mostrado na *Figura 1.3-8*.

A amostra de barro da *Figura 1.3-9* se rompeu com aproximadamente 20 cm de comprimento, o que indica alto teor de argila. Assim, essa amostra não é adequada à elaboração de rebocos.

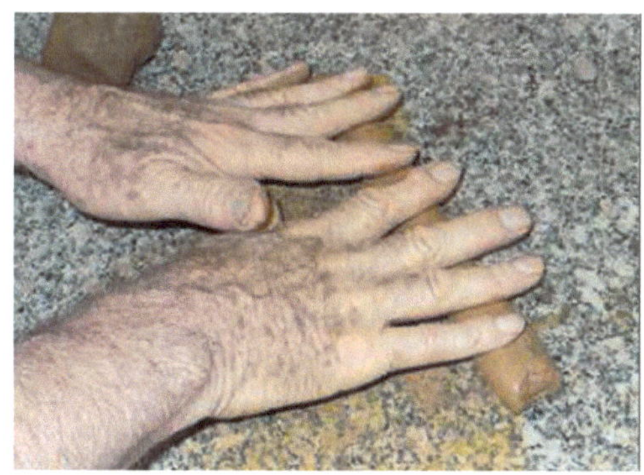

Fig 1.3-7

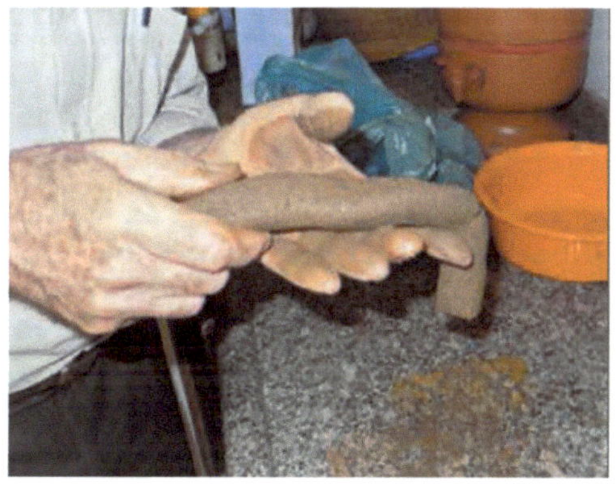

Fig 1.3-8

Fig 1.3-9

Fig 1.4-1

Fig 1.4-2

Fig 1.4-3

Fig 1.4-4

1.4 Preparação de amostras

A superfície do reboco de barro não deve apresentar fissuras, mas, sim, boa resistência à abrasão (ver *seção 1.6*). Para o caso, então, de barro com alto teor de argila, deve-se estabilizá-lo com areia e/ou outras adições. Recomenda-se preparar algumas amostras de campo, com diferentes teores de adições, com base nas seguintes proporções:

Terra : Areia –> 1 : 0,5
Terra : Areia –> 1 : 1
Terra : Areia –> 1 : 2
Terra : Areia –> 1 : 3
Terra : Areia –> 1 : 4

Quanto maior a quantidade de adições, menor a fissuração durante a secagem, porém menor também será a resistência à abrasão. A primeira amostra (*Figura 1.4-1*) apresenta um barro com alto teor de argila e muitas fissuras. A segunda amostra, estabilizada, apresenta apenas algumas fissuras, e a terceira, ainda mais arenosa, não apresenta fissuras, mas possui pouca resistência à abrasão. Por esta razão, à quarta amostra foi adicionado excremento de vaca.

Para selecionar a melhor proporção (terra : areia) a partir das análises, recomenda-se preparar uma amostra maior de reboco que meça, por exemplo, 1 m de largura e 2 m de altura, já que somente com essas dimensões pode-se observar a formação de fissuras com maior precisão e representatividade. A *Figura 1.4-1* apresenta amostras feitas com terra branca. Nas três figuras seguintes, pode-se observar, de cima para baixo: a primeira (*Figura 1.4-2*) possui terra sem adições, o que ocasionou a formação de muitas fissuras; a segunda (*Figura 1.4-3*) apresenta terra com adição de areia na proporção 1:0,5 (menos fissuras), e a terceira (*Figura 1.4-4*) é uma amostra com adição de areia na proporção 1:1, em que não há fissuras evidenciadas.

A adição de metilcelulose, assim como de excremento de vaca, melhora a trabalhabilidade e aderência do reboco à superfície de aplicação. Além disso, requer que menos argila esteja presente no barro e, após a secagem, resulta numa superfície mais resistente. Um efeito similar pode ser obtido com a adição de grude, cuja preparação está descrita na *seção 3.8*.

1.5 Determinar a retração

Para comparar o índice de retração em diferentes rebocos de barro durante a secagem, é necessário que tenham uma plasticidade passível de comparação. Isso se deve ao fato de que, quanto maior o teor de água incorporado ao reboco, maior será seu índice de retração.

Um método simples para determinar o índice de retração consiste na produção de uma amostra com 25 mm de altura, 40 mm de largura e 220 mm de comprimento, em uma fôrma de madeira. Na face de 40 mm da amostra, fazem-se duas linhas com uma faca, distantes 200 mm entre si. Após a secagem, mede-se a distância entre as linhas: se, por exemplo, a distância entre linhas é de 190 mm, a contração é da ordem de 10 mm, o que representa um índice de retração de 5%.

A *Figura 1.5-1* apresenta ensaios em amostras com 200 mm de comprimento, que secaram no interior de uma fôrma metálica. As três amostras da esquerda tiveram índice de retração da ordem de 15%, enquanto as amostras da direita, feitas com o mesmo barro, porém estabilizado com areia grossa, apresentam um índice de retração de 3%, aproximadamente. Assim, a análise desse fator se mostra relevante na hora de construir, dependendo da técnica ou sistema a ser utilizado.

1.6 Determinar a resistência à abrasão

Um reboco de barro não deve parecer uma lixa quando se passa a mão sobre sua superfície, ou seja, deve apresentar alta resistência à abrasão. Essa propriedade pode ser obtida por meio de diferentes tratamentos, adições e pinturas, como as que estão descritas nas *seções 3.7 e 3.10*. Ensaios podem ser realizados com os equipamentos mostrados nas *Figuras 1.6-1 e 1.6-2*, em que uma escova rígida em rotação é pressionada contra a superfície do barro com uma força equivalente a 2 kg. Após vinte rotações, mostra-se no ensaio da direita, na *Figura 1.6-3*, uma abrasão muito forte, enquanto no ensaio da esquerda não aparece quase abrasão alguma.

Fig 1.5-1

Fig 1.6-1

Fig 1.6-2

Fig 1.6-3

1.7 Determinar a resistência à erosão

Os rebocos externos, que são expostos à chuva, precisam ganhar grande resistência à erosão gerada pelo impacto e atrito da água que os atinge e desliza sobre sua superfície.

Na *seção 3.10* são apresentadas diferentes proporções que resultam numa resistência ideal para esta finalidade.

No Laboratório de Construções Experimentais (FEB), da Universidade de Kassel, Alemanha, foi desenvolvido um equipamento que pode simular uma forte chuva tropical (*Figura 1.7-1*).

Fig 1.7-1

No ensaio foi aplicado, sobre a superfície do barro, um jato de água de 4 mm de diâmetro, numa velocidade de 3,24 m/s e com uma inclinação de 45°, com se pode ver na *Figura 1.7-2*.

No ensaio da esquerda pode-se constatar um aprofundamento da superfície provocada pelo jato de água. Nesse barro, com alto teor de silte, a erosão (desagregação das primeiras partículas) se inicia após 3 segundos. No ensaio da direita, em que o mesmo barro contém 30% de excremento de vaca, a erosão começou somente após 60 minutos.

Fig 1.7-2

2. PAREDES DE TERRA

2.1 Introdução

Este capítulo descreve e ilustra os diferentes sistemas tradicionais e modernos de paredes feitas a partir de técnicas de construção com terra, incluindo sistemas antissísmicos. Serão apresentadas a preparação de barro com diferentes proporções e componentes de construção para as paredes (estrutura), expondo as vantagens e desvantagens de cada solução (execução).

Tais informações não se direcionam exclusivamente para arquitetos, engenheiros e empreiteiros, sendo também um guia para construtores não profissionais. É importante mencionar que esta capítulo apenas oferece sugestões e conselhos; para a construção de paredes também se requer alguma experiência prática. Portanto, recomenda-se participar de cursos e oficinas práticas a fim de aprender com suas próprias experiências.

2.2 Paredes de adobe

Os adobes são blocos de terra feitos à mão, a partir do barro lançado em fôrmas e seco ao ar livre.

A *Figura 2.2-1* mostra diferentes fôrmas. Há diversos métodos para produzir adobes: da *Figura 2.2-2 a 2.2-4* se vê uma produção direta sobre o solo. Porém, é mais cômodo a produção sobre uma mesa (*Figuras 2.2-5 e 2.2-6*). A *Figura 2.2-7* expõe um método de secagem uniforme em espaços limitados.

Fig 2.2-2

Fig 2.2-3

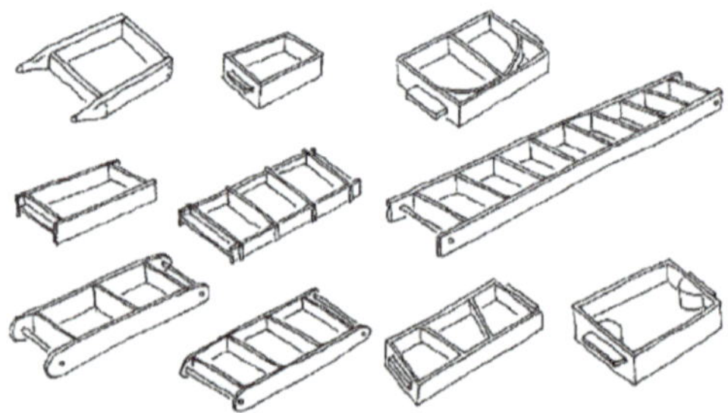

Fig 2.2-1

Geralmente, pode-se considerar que uma pessoa produz de 250 a 500 adobes por dia, levando em conta a produção e o transporte do barro, assim como a localização e empilhamento dos adobes.

Nos vídeos *Producción de adobes*, que podem ser visualizados no site do autor, são mostrados dois métodos que representam processos de fabricação otimizados (www.gernotminke.de/publikationen/videos).

No primeiro vídeo, observa-se a técnica colombiana, em que se obtém um adobe em 35 segundos. Sua vantagem é que o adobe colocado verticalmente seca de maneira uniforme, enquanto em outros casos, apesar de a produção ser mais rápida, os adobes precisam ser colocados verticalmente após um período inicial de secagem. Se os adobes ficam muito tempo expostos ao sol, deformam-se, uma vez que secam mais rapidamente na parte superior do que na parte inferior.

O segundo vídeo mostra uma técnica utilizada na Bolívia e na Argentina. Nesse método, é possível produzir dois adobes em menos de 50 segundos, porém, neste caso, o processo de secagem é mais trabalhoso e requer mais tempo. Após um período parcial de secagem, os adobes devem ser colocados em posição vertical para que sequem uniformemente e por completo.

Fig 2.2-4

Fig 2.2-5

Fig 2.2-7

Fig 2.2-6

Fig 2.3-1

2.3 Parede antissísmica de adobe

O Instituto Nacional de Normalização da Habitação (ININVI), do Peru, desenvolveu um sistema de paredes antissísmicas com adobes especiais, reforçados com varas de bambu. Os adobes quadrados possuem orifícios com 5 cm de diâmetro na parte central ou nas extremidades. Por esses orifícios, varas de bambu são dispostas transversalmente (*Figuras 2.3-1 e 2.3-2*).

A *Figura 2.3-3* apresenta uma planta residencial cujas paredes de adobe possuem contrafortes integrados. As varas horizontais propostas pelo ININVI (*Figura 2.3-4*), em geral, não são convenientes, uma vez que reduzem a resistência da parede contra os impactos horizontais antes da ocorrência de um terremoto.

Fig 2.3-2

Para sistemas estruturais em que o adobe atua como elemento de vedação, pode ser aplicado um método antissísmico simples que consiste em instalar arame farpado nas juntas horizontais de argamassa, a cada quatro fiadas, enrolando e tensionando o arame sobre as paredes (*Figura 2.3-5*). Este método é amplamente aceito para estabilização de paredes de adobe em zonas sujeitas a abalos sísmicos.

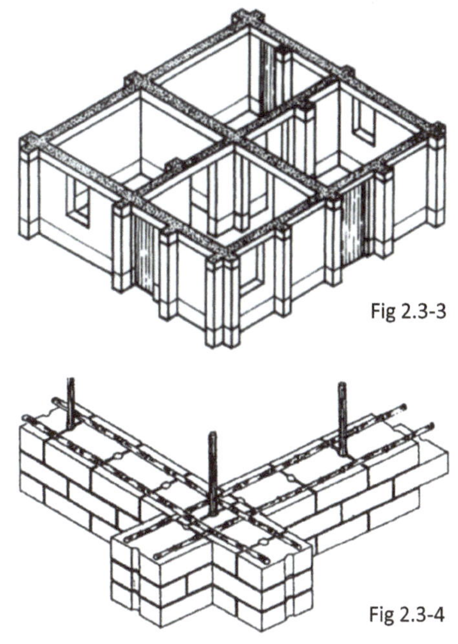

Fig 2.3-3

Fig 2.3-4

Fig 2.3-5

Fig 2.4-2

2.4 Paredes de blocos escavados

Os blocos escavados são geralmente consti-
tuídos de solo siltoso com vegetação associada, extraídos das margens dos rios. As
raízes atuam como reforço para o solo.

Para a execução de paredes, eles são inver-
tidos (as raízes direcionadas para cima) e assentados como tijolos, um sobre o outro, em
estado úmido. A superfície das paredes pode
ser selada em condições de clima úmido.

As paredes são rebocadas após o período de
secagem dos blocos, que pode durar várias
semanas ou meses. A *Figura 2.4-1* mostra
uma casa construída no Uruguai com esta
técnica, e a *Figura 2.4-2*, uma parte da parede
ainda sem reboco.

Fig 2.4-1

2.5 Paredes de tijolo cru

Tijolos crus são tijolos não cozidos produzidos mecanicamente, em geral a partir do processo de extrusão. A *Figura 2.5-1* apresenta estantes de secagem numa fábrica de tijolos na Alemanha, onde os tijolos são secos ao ar livre. A desvantagem desta técnica, quando comparada aos adobes, é que precisam ter maior teor de argila em sua composição (em virtude do processo de extrusão) e, portanto, são mais sensíveis à ação das chuvas. Isso significa que, em contato com a água, absorvem-na, aumentam de volume (inchamento) e logo apresentam fissuras por retração após secagem. Uma parede feita com tijolos crus deve, portanto, ser protegida da chuva por beirais e ou por um reboco impermeável.

A vantagem dos tijolos crus está associada à sua uniformidade, quando comparados aos adobes, assim, são especialmente adequados à alvenaria exposta em interiores (*Figura 2.5-2*). Além disso, equilibram melhor a umidade no interior da habitação, graças a seu alto conteúdo de argila (ver Minke, 2013). A *Figura 2.5-3* mostra uma parede de tijolos crus especiais com quinas arredondadas, desenvolvidos pelo autor para melhorar as propriedades acústicas do ambiente.

Fig 2.5-1

Fig 2.5-2

Fig 2.5-3

Fig 2.6-1

2.6 Paredes de Blocos de Terra Comprimida (BTC)

A elaboração de blocos de terra comprimida manualmente é conhecida na Europa desde o século XVIII. A primeira prensa manual foi desenvolvida em 1789, pelo arquiteto francês François Cointeraux. Diferentes prensas foram construídas desde então. A melhor, até o presente, é a CINVA-Ram, desenvolvida na Colômbia pelo engenheiro chileno Raúl Ramírez em 1952 (*Figura 2.6-1*). A *Figura 2.6-2* mostra a CETA-Ram em funcionamento; desenvolvida no Paraguai, é similar à CINVA-Ram, permitindo que se elaborem três unidades por prensagem. As prensas manuais desse tipo aplicam uma pressão de 5 a 25 kg/cm² e demandam de três a cinco pessoas para que se consiga um ritmo de produção otimizado. As prensas hidráulicas manuais, como, por exemplo, a BREPAC, desenvolvida na Inglaterra, produzem uma pressão de até 100 kg/cm². Apesar da produção mecânica, com as prensas manuais se obtém uma produção diária de 150 a 200 unidades por pessoa. Este rendimento é notavelmente inferior ao que se consegue com a produção manual de adobes.

Fig 2.6-2

A vantagem das prensas mecânicas é a possiblidade de utilizar um barro com menor quantidade de água, permitindo armazenamento imediato. A desvantagem está na necessidade de estabilização com cimento (de 4% a 8%) para se obter uma resistência satisfatória, visto que a capacidade de aglutinação da argila não pode ser ativada com um baixo teor de água incorporada.

Da mesma forma, em virtude da ausência de amassamento e mistura, as forças aglutinantes dos minerais de argila não são ativadas. Sem cimento, a resistência à compressão dos BTCs é menor que a dos adobes feitos à mão. Outra desvantagem na produção de tijolos com prensas está na necessidade de preparar as misturas com umidade e composição constantes. Havendo variação na composição do barro, a quantidade de material necessária à produção dos tijolos e a energia de prensagem (pressão) também variam, o que pode acarretar variações na altura e também na resistência dos tijolos.

As prensas automatizadas (*Figura 2.6-3*) conseguem produzir de 1.500 a 4.000 blocos por dia. Porém, esses modelos são mais onerosos e de difícil manutenção. Além disso, necessitam de misturadores e trituradores que assegurem um material com características constantes. Esses modelos se tornam econômicos desde que possuam longa vida útil, sob um regime de uso intensivo e havendo matéria-prima suficiente e perene disponível no entorno do local de produção. Por outro lado, os custos com amortização, reparo e manutenção reduzem consideravelmente essa suposta economia.

Fig 2.6-3

Em países emergentes, nos quais a mão de obra é mais barata, a produção manual de adobes é mais econômica; por outro lado, em países desenvolvidos, a produção de BTCs é mais econômica. Para mais informações sobre blocos de terra comprimida, ver: Mukerji (1986), Smith e Webb (1987), Mukerji (1988) e CRATerre (1991).

Um método mais simples e eficiente é obtido com o equipamento para fabricação de adobes desenvolvido e patenteado em 1946 por Hans Sumpf, nos Estados Unidos (*Figuras 2.6-4 e 2.6-6*). O barro é homogeneizado em um misturador até obter consistência pastosa e em seguida é vertido sobre uma fôrma gradeada com o auxílio de um funil móvel. Preenche-se a fôrma por completo, e a superfície é uniformizada automaticamente. Uma alavanca suspende a fôrma gradeada, separando os adobes para a etapa de secagem. Após certo tempo do início da secagem, os adobes podem ser virados, sendo colocados de lado para que sequem uniformemente.

Fig 2.6-4

Fig 2.6-5

Fig 2.6-6

2.7 Paredes antissísmicas de BTCs

Com blocos de encaixe, podem ser construídas paredes sem argamassa de assentamento, como é mostrado nas diferentes imagens da *Figura 2.7-1*. Esses blocos são obtidos a partir de prensas manuais, contendo entre 6% e 10% de cimento incorporado. As paredes construídas com esses blocos podem resistir a movimentos sísmicos desde que recebam carga previstas advindas da cobertura, sejam reforçadas por elementos verticais de bambu ou aço e possuam cintas de amarração. Além disso, a estrutura é flexível e pode absorver a energia cinética de um terremoto, graças à folga mínima existente nos encaixes, que permite que os blocos se movam ligeiramente na direção horizontal.

A Figura 2.7-2 mostra o uso de um sistema desenvolvido pelo Instituto Asiático de Tecnologia, em Bangkok, na Tailândia. Neste caso, os orifícios dos blocos foram preenchidos com barras de aço e argamassa de cimento e areia.

A *Figura 2.7-3* apresenta uma proposta do autor para aumentar a resistência; além de um encaixe vertical de 40 mm de espessura, há também um encaixe horizontal entre os blocos. Os orifícios oferecem a possibilidade de alcançar uma estabilidade adicional pelo uso de varas de bambu associadas.

Fig 2.7-1

Fig 2.7-2

Fig 2.7-3

Fig 2.7-4

Nas *Figuras 2.7-4 a 2.7-9* apresenta-se um sistema realizado pela Fundação Terra Viva de Barichara no assentamento Casa Viva, em Vegachí, Colômbia, um projeto estatal para construção de 104 habitações sociais.

Os 401.440 BTCs foram produzidos com uma prensa manual, com barro local e 8% de cimento. Estes apresentam dois orifícios que são reforçados com cimento e barras de ferro. Adicionalmente são colocadas as barras de ferro a determinadas distâncias nas juntas horizontais.

Fig 2.7-5

Fig 2.7-6

Fig 2.7-7

Fig 2.7-8

Fig 2.7-9

Fig 2.8-1

Fig 2.8-2

Fig 2.8-3

Fig 2.8-4

2.8 Paredes de Bloco de Terra Aliviada (BTA)

Para regiões onde as paredes externas necessitam de isolamento térmico, são desenvolvidas diferentes variações de blocos de terra aliviada (BTA), os quais contêm palha, aparas de madeira, serragem, pedra-pomes ou argila expandida. As *Figuras 2.8-1 e 2.8-2* mostram a produção de grandes blocos com 60 cm x 50 cm x 30 cm, executados com fôrmas de madeira e uma mistura de palha e argila. Mediante uma leve compactação, se obtém um bloco com 26 kg.

É importante que os blocos sequem o mais rápido possível, do contrário, a palha começa a entrar em processo de decomposição no seu interior.

Nas *Figuras 2.8-3 e 2.8-4* vê-se a aplicação dos BTAs estabilizados com aparas de madeira, como os produzidos e utilizados pelos arquitetos Kareen Herzfeld e Carlos Placitelli. Estes têm 45 cm de comprimento, 20 cm de altura e 10 cm, ou 17 cm, de largura. Apresentam uma reentrância lateral que facilita o encaixe com os elementos verticais de madeira. Por meio da integração com os montantes verticais, a parede obtém boa resistência a forças horizontais.

Todos os blocos mostrados servem apenas de elemento de vedação, o que significa que não receberão cargas de cobertura ou piso superior.

2.9 *Quincha** úmida

No sistema de *quincha* úmida, preenche-se com uma mistura de barro e palha o espaço entre as ripas horizontais, fixadas nas extremidades a elementos verticais, geralmente tábuas ou pilares de madeira. A distância entre as ripas é, normalmente, de 10 a 12 cm. Quanto maior a quantidade palha adicionada à mistura, maior será o isolamento térmico da parede.

As *Figuras 2.9-1 e 2.9-2* mostram uma solução com ripas de madeira de 12 mm x 24 mm de espessura; a *Figura 2.9-3*, uma solução com galhos; e a *Figura 2.9-4*, com cana-de-açúcar.

Depois de preencher os vazios entre as ripas com a mistura de argila e palha, aplica-se, em ambas as faces da parede, uma primeira camada de reboco com alto teor de fibras. As melhores fibras são palhas com 5 a 15 cm de comprimento ou as de sisal. O reboco é aplicado manualmente sobre a superfície da parede, de baixo para cima. Uma segunda camada de reboco serve para criar uma superfície plana e recobrir as ripas com uma camada de 2 cm de espessura. Não se deve adicionar palha à segunda camada de reboco. Uma última camada de reboco, com 0,5 a 1 cm de espessura, atua como acabamento da parede.

Na mistura interior devem ser incorporadas fibras finas, como palha (melhor palha moída), sisal, fibra de coco (com comprimento máximo de 2 cm) ou partículas como serragem, aparas de madeira ou casca de arroz. A última camada de reboco não deve conter matéria orgânica, já que os microrganismos provocam sua decomposição na presença de umidade.

Se a parede estiver exposta à chuva, deve-se utilizar um reboco com barro estabilizado ou um reboco de cal (ver *seção 3.10*).

---

* N.T.: Podem ser empregadas diferentes nomenclaturas para técnicas que associam o uso da terra a entramados de madeira ou bambu, que variam de acordo com o país, região e também os métodos utilizados nessa associação. A Red Iberoamericana de Arquitectura e Construcción con Tierra (PROTERRA) propõe a nomenclatura geral para esses sistemas como "técnica mista" na sua publicação Técnicas Mixtas de Construcción con Tierra, de 2003 (disponível em <http://www.redproterra.org/categories/publicaciones>). A palavra *quincha* é comumente utilizada no Peru, Bolívia, Chile e Argentina.

Fig 2.9-1

Fig 2.9-2

Fig 2.9-3

Fig 2.9-4

Fig 2.10-1

Fig 2.10-2

Fig 2.10-3

2.10 *Quincha* seca

A *quincha* seca apresenta estrutura semelhante à *quincha* úmida, no entanto o preenchimento dessa estrutura, neste caso, é feito exclusivamente com palha. Este sistema não só garante maior isolamento térmico como também uma massa térmica menor.

As *Figuras 2.10-1 a 2.10-3* mostram o processo de preenchimento. Primeiro aplica-se um rolo de palha no sentido horizontal. Então, a palha é rotacionada e pressionada sobre a estrutura para preencher uma camada. Repete-se este processo até que se complete toda a parede.

Recomenda-se aplicar uma camada com 5 cm de reboco de barro em ambas as faces da parede, para se obter suficiente massa térmica e assegurar que, sob baixas temperaturas exteriores, a formação do orvalho não se dê na palha e sim no reboco. O ponto de orvalho ocorre quando o ar que se movimenta de dentro para fora atinge uma umidade relativa de 100%, ocasionando a formação de água por condensação.

A primeira camada de barro deve ser muito argilosa (normalmente se mistura uma parte de barro argiloso a uma parte de areia) para que tenha boa aderência às fibras da palha.

Caso a palha seja muito dura, é conveniente cortá-la, uniformizando a superfície, retirando-se as fibras sobressalentes à parede, antes de aplicar o reboco (*Figura 2.10-4*).

A segunda camada de reboco deve conter muita palha (de 5 a 15 cm de comprimento) e terá de ser pressionada firmemente com a palma das mãos, de baixo para cima, contra a superfície da parede (*Figura 2.10-5*).

A terceira camada de reboco destina-se a obter uma superfície plana, cobrindo as ripas com pelo menos 1 cm de espessura. O reboco externo não deve conter matéria orgânica, já que esta se decompõe em presença de umidade (ponto de orvalho) por ação de microrganismos. Uma última camada com 0,5 a 1 cm de espessura completa a parede. Na composição da parede (região interior) podem ser utilizados materiais com fibra fina, como palha, sisal e fibra de coco (com até 2 cm de comprimento), ou partículas, como serragem, aparas de madeira e casca de arroz.

Se a parede está exposta à ação das chuvas, então deve-se utilizar um reboco de barro estabilizado ou um reboco de cal (ver *seção 3.10*).

Fig 2.10-4

Fig 2.10-5

Fig 2.11-1

Fig 2.11-2

Fig 2.11-3

Fig.2.11-4

2.11 *Quincha* seca de fardos de capim-dos-pampas

O capim-dos-pampas (*Cortaderia selloana*) é uma planta da família das gramíneas, endêmica do sul da América do Sul (*Figura 2.11-1*). É geralmente utilizada para cobertura em telhados, em dimensões de 10 cm x 50 cm x 120 cm (*Figura 2.11-2*).

O sistema de *quincha* de fardos de capim-dos-pampas foi desenvolvido pelo arquiteto argentino Armando Gross. Este método consiste em erguer paredes em duas camadas de fardos com um colchão de ar por dentro, com uma espessura de 5 a 7,5 cm (de 2 a 3 polegadas). Os fardos são fixados aos montantes verticais, espaçados a cada 60 cm.

Primeiramente, fixa-se a camada de fardos ao montante de madeira, costurando-o com arame ou fio sintético com o auxílio de agulha (*Figura 2.11-3*). Em seguida, fixa-se a segunda camada passando o fio com a agulha através de ambas as camadas para fora e, depois, em torno da madeira para dentro, apertando-a firmemente (*Figura 2.11-4*).

Em virtude da suscetibilidade do arame à corrosão, aconselha-se a utilização de fio sintético. Para a fixação podem ser utilizados também grampos ou abraçadeiras metálicas. Os fardos instalados (*Figura 2.11-6*) podem ser rebocados com barro (*Figura 2.11-7*).

A primeira camada de reboco deve conter argila suficiente para que tenha boa aderência à palha, sendo lançada sobre a superfície da parede ou aplicada com as mãos. A *Figura 2.11-8* mostra como cobrir os montantes de madeira com palha, para depois aplicar o reboco.

As camadas do reboco interno e externo devem ter 3 cm de espessura ou, ainda melhor, 5 cm. Assim, forma-se um espaço interior com massa térmica suficiente, e a espessura do reboco externo facilita que a condensação da água ocorra na camada de barro, não havendo penetração do vapor d'água na camada de palha, no interior da parede.

Em regiões com baixas temperaturas, onde existe a possibilidade de condensação do vapor d'água na camada de palha, deve-se colocar uma barreira para impedir a passagem do vapor para esta camada interna, como, por exemplo, uma lona PEAD de 0,2 mm a 0,4 mm de espessura.

Fig 2.11-5

Fig 2.11-6

Fig 2.11-7

Fig 2.11-8

Fig 2.12-1

Fig 2.12-2

Fig 2.12-3

Fig 2.12-4

2.12 *Bahareque*

A técnica mista pode ter diversas nomenclaturas, que variam de acordo com a região onde é empregada. *Bahareque* é a nomenclatura usual para técnicas que associam a terra com entramados de madeira, utilizada principalmente no Equador, Chile, Colômbia, Venezuela, Panamá e na maioria dos países da América Central. No Brasil, existem sistemas semelhantes denominados de taipa de mão, taipa de sopapo ou pau-a-pique.

A estrutura desta técnica consiste na associação de elementos verticais – montantes – e horizontais que formam uma malha a ser preenchida com uma mistura úmida, comumente de barro e palha. Podem haver variações quanto à origem dos elementos estruturais utilizados, podendo ser dos mais diversos tipos. Os elementos verticais utilizados na estrutura interna são rígidos como pilares, enquanto os horizontais são flexíveis e se entrelaçam ao redor desses montantes verticais.

As *Figuras 2.12-2 a 2.12-3* mostram diferentes possibilidades de construção de paredes com este sistema. Para preencher a malha, pega-se um fino punhado de palha, que é torcido no barro até que a palha fique totalmente coberta e pareça uma salsicha (*Figura 2.12-1*); em seguida esta mistura é aderida aos elementos horizontais, pressionando-se para baixo (*Figuras 2.12-2 e 2.12-3*).

Se o solo é muito arenoso e contém pouca argila, é conveniente aumentar sua aderência adicionando-lhe excremento de vaca. É importante que os montantes de madeira estejam cobertos por reboco com no mínimo 2 cm de espessura.

Uma variante desse sistema seria o uso de malha metálica. A desvantagem é que este método apresenta menor estabilidade e está suscetível à oxidação quando a parede estiver úmida.

Este sistema também permite a construção de esculturas, como mostrado na *Figura 2.12-7*.

As paredes de *bahareque* são apropriadas para interiores, já que sua largura é maior que 5-10 cm.

O tempo de secagem pode durar semanas, dependendo da espessura da parede, da presença de fibras e/ou excremento bovino e do clima local.

Fig 2.12-5

Fig 2.12-6

Fig 2.12-7

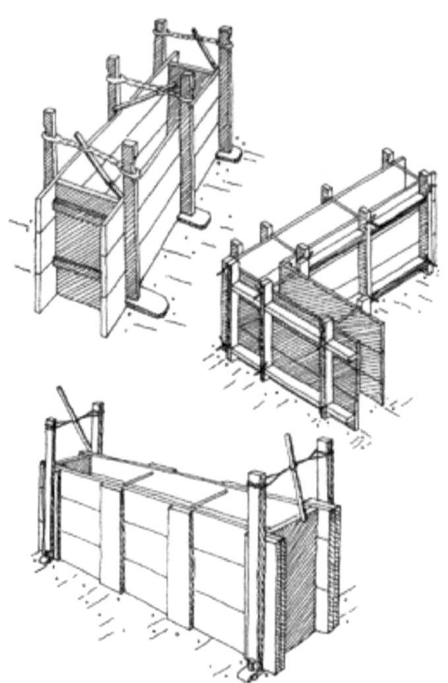

Fig 2.13-1

2.13 Taipa de pilão

A taipa, também conhecida como terra compactada ou terra pisoteada, consiste na aplicação do barro úmido, compactando-o em camadas de 7 a 10 cm de espessura no interior do taipal – fôrmas que servem de molde para elevação das paredes – composto por duas colunas paralelas de pranchões de madeira, sendo estes unidos nas extremidades por travessões (*Figura 2.13-1*).

Nos sistemas convencionais, em que o taipal é movido horizontalmente, resulta no aparecimento de fissuras horizontais por retração, uma vez que a segunda camada é compactada ainda fresca, quando a anterior já está substancialmente seca e, portanto, retraída. Para evitar tal ocorrência, foi desenvolvido na Universidade de Kassel, sob orientação do autor, o sistema mostrado na *Figura 2.13-2*, em que o barro é compactado continuamente em um processo de trabalho vertical. O barro compactado vai da base ao topo da parede, com até 2,40 m de comprimento. Para obter estabilidade lateral,

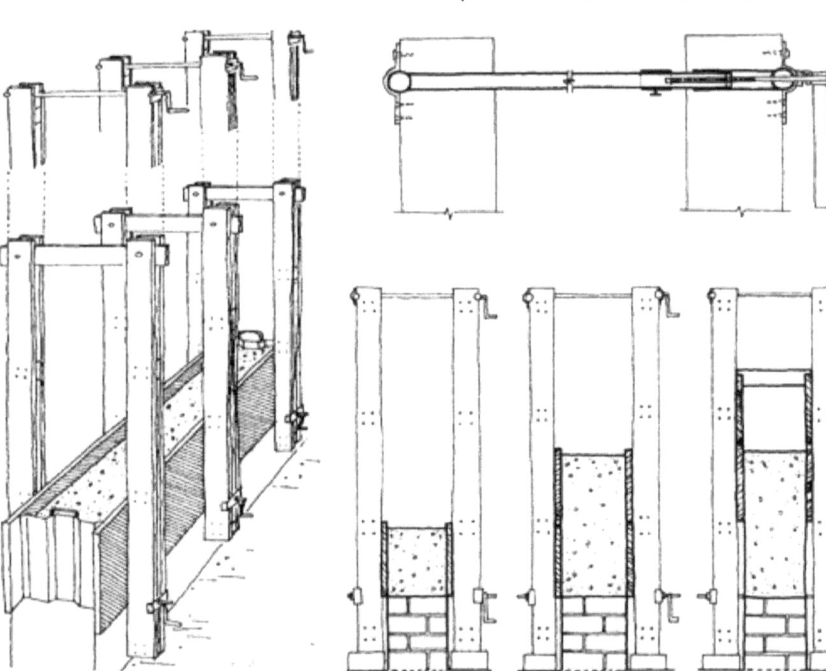

Fig 2.13-2

as juntas verticais são executadas com um sistema de encaixe. Assim, aparecem apenas fissuras por retração no sentido vertical durante a compactação, as quais, após a secagem da parede, podem ser facilmente preenchidas. É ainda mais importante prever o encaixe das juntas verticais, como se mostra na *Figura 2.13-2*, para prevenir a ocorrência de juntas abertas e aumentar a estabilidade da parede perante esforços horizontais. A *Figura 2.13-3* apresenta um taipal similar, de David Easton.

Um ensaio fácil para determinar se a composição do solo está correta é mostrado nas *Figuras 2.13-4 e 2.13-5*. Quando se aperta uma amostra de solo entre os dedos e a palma da mão, deve-se poder observar o contorno do formato dos dedos na amostra; e, quando pressionada entre o dedo polegar e indicador, a amostra deve desmoronar por completo. Se, no primeiro caso, não se perceberem as marcas dos dedos na amostra, então a mistura está muito seca; e se a amostra não se desmanchar ao ser pressionada, significa que está muito úmida.

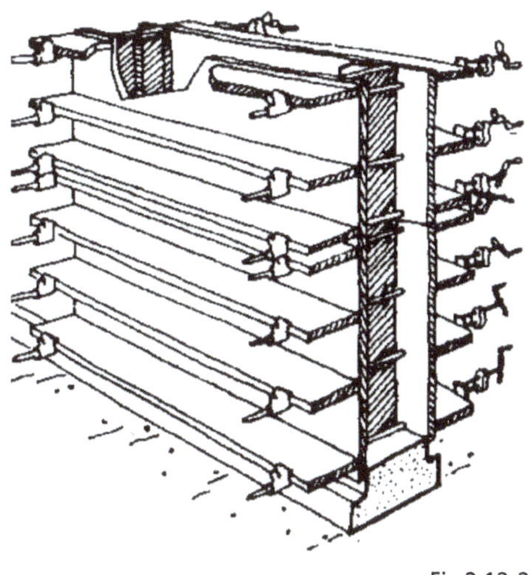

Fig 2.13-3

Fig 2.13-4

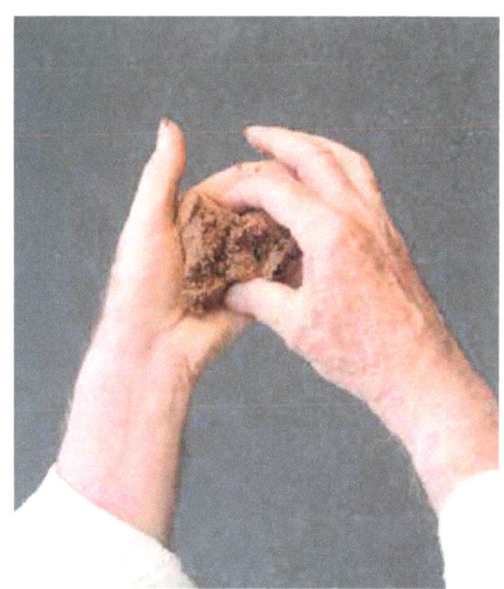

Fig 2.13-5

Fig 2.13-6

Uma das vantagens da técnica da taipa é que o barro pode ser utilizado da mesma forma que foi coletado, desde que esteja úmido o suficiente. Para tal, o solo deve conter partículas grossas que evitem a retração durante a secagem. A *Figura 2.13-6* mostra uma parede de taipa malfeita. Neste caso, foi utilizado um barro com alto teor de argila e poucas partículas grossas, e, após a secagem, houve retração acentuada. É importante incorporar partículas mais grossas como cascalho, pedras ou tijolo triturado para diminuir a retração.

A área de base de um pilão deve ter entre 60 cm² e 200 cm² e seu peso deve estar entre 5 kg e 9 kg. É preferível utilizar um pilão com duas cabeças: uma arredondada e outra quadrada (*Figura 2.13-7*).

As *Figuras 2.13-8 e 2.13-9* mostram um sistema de taipa mecanizada, que usa pistões pneumáticos. Este sistema permite construir paredes com rendimento de 2 horas/m³, enquanto a construção de uma parede com técnica tradicional, sem ferramentas ou energia, exige dez vezes mais tempo (20 horas/m³).

Para aumentar o efeito de isolamento térmico da taipa, é adicionado ao barro algum material vegetal como a palha ou minerais como a argila expandida ou pedra-pomes

Fig 2.13-7

Fig 2.13-8

Fig 2.13-9

Ao se utilizar a palha para estabilizar o barro, é importante adicionar uma barbotina elaborada com barro muito argiloso e assegurar que toda a palha esteja envolvida por ela. A mistura é compactada dentro da fôrma (*Figura 2.13-10*). Como neste modelo a pressão exercida no interior do molde é muito menor do que na taipa convencional, pode ser utilizada um taipal de menor espessura.

Deve-se ter em conta que a mistura de barro com palha necessita de muito tempo de secagem. No caso de paredes com 30 cm de espessura em que as temperaturas exteriores são frias, a secagem total da parede pode demandar até um ano. Isso pode gerar, como consequência, o início do processo de decomposição da palha no interior da parede.

A *Figura 2.13-11* mostra parte da parede de uma casa na Alemanha, onde a palha interior, após um ano e meio, apodreceu, assim como os montantes de madeira. Por esta razão, neste caso é indicado substituir a palha por minerais como argila expandida ou pedra-pomes.

Quando se adiciona palha, ocorre o assentamento da parede, caracterizado pela redução gradativa da sua altura com o tempo de secagem. Numa amostra ensaiada com 1 m de altura, observou-se o assentamento de 9%, como é mostrado na *Figura 2.13-12*, enquanto outra amostra com argila expandida e barro apresentou 0% de assentamento. É importante ressaltar que este tipo de enchimento requer menor energia de compactação.

Fig 2.13-10

Fig 2.13-11

Fig 2.13-12

Fig 2.14-1

Fig 2.14-2

Fig 2.14-3

Fig 2.14-4

2.14 Taipa de pilão antissísmica

Os dois sistemas de taipa antissísmica descritos a seguir foram desenvolvidos pelo autor no âmbito de projetos de investigação da Universidade de Kassel, Alemanha. Da *Figura 2.14-1 a 2.14-5*, é mostrada a construção do protótipo de uma habitação de interesse social que foi executado na Guatemala em 1979.

Nesse projeto foram construídas paredes de taipa reforçadas com bambu com 80 cm de comprimento e altura relativa a um pé direito, utilizando um taipal metálico em forma de T com 80 cm de comprimento, 40 cm de altura e de 14 a 30 cm de espessura (*Figuras 2.14-1 e 2.14-2*). A estabilidade dos elementos foi obtida por meio de quatro varas de bambu de 2 a 3 cm de diâmetro e da seção T da parede. Esses elementos foram fixados, na base, em uma cinta de amarração feita com bambu engastado num alicerce de alvenaria de pedras e, no topo, em uma cinta de amarração de bambu (*Figura 2.14-5*).

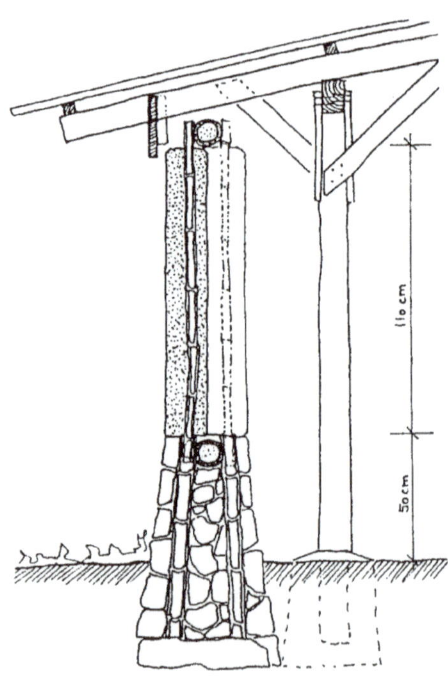

Fig 2.14-5

Em virtude da presença da estrutura interna em bambu integrada à parede, a resistência às forças horizontais é quatro vezes maior quando comparada a uma parede convencional com 14 cm de espessura. Após a secagem, apareceram fendas verticais com até 2 cm de espessura entre os elementos. Foram preenchidas posteriormente com barro e atuaram como juntas de dilatação, permitindo um movimento independente a cada elemento durante um terremoto.

Isto significa que tais juntas podem se abrir e toda a estrutura se deforma (dissipando a energia cinética sísmica), evitando o colapso da parede. As colunas sobre as quais se sustenta a cobertura foram construídas a 50 cm de distância da parede, na face inferior (*Figura 2.14-5*), de modo que a estrutura do telhado é independente das paredes.

A superfície da taipa não foi rebocada, apenas foi regularizada com uma espátula e então pintada com uma mistura de 1 saco de cal hidráulica, 2 kg de sal comum, 1 kg de alúmen (sulfato duplo de alumínio e potássio), 1 kg de terra argilosa e aproximadamente 40 litros de água (ver Minke, 2013).

O segundo sistema foi desenvolvido no ano de 1998, numa habitação em Alhué, Chile (*Figuras 2.14-6 a 2.14-8*). As paredes foram compostas por elementos de 50 cm de espessura em formato de U e L, que se tornam estáveis em virtude de sua forma contra os movimentos horizontais dos terremotos. Este sistema foi adicionalmente estabilizado mediante varas de bambu verticais de 2,5 a 5 cm de diâmetro. As portas e janelas vão do piso à cinta de amarração superior. Os dois tímpanos das fachadas foram executados com barro estabilizado com palha agregados a uma estrutura de madeira, com o sistema de técnica mista.

Fig 2.14-6

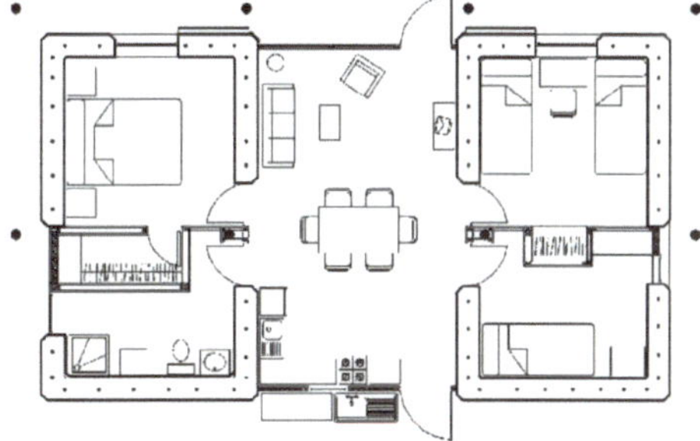

Fig 2.14-7

Fig 2.14-8

Fig 2.15-1

2.15 Parede de barro aliviado vertido

A forma mais simples de construir uma parede de barro aliviado com argila expandida ou pedra-pomes é vertê-lo no interior do taipal (*Figura 2.15-1*).

A mistura pode ser preparada com uma betoneira, e o barro é derramado sobre o agregado mineral (Figura 2.15-2). O taipal é aberto em um lado na parte superior da parede, a mistura é lançada no interior da fôrma e posteriormente compactada.

Para reduzir os custos pode-se utilizar uma fôrma mais simples, como, por exemplo, de cana-de-açúcar (*Figura 2.15-3*).

Fig 2.15-2

Fig 2.15-3

2.16 Parede de mangueiras elásticas com barro aliviado

Em 1977, na Universidade de Kassel, Alemanha, sob a orientação do autor, foram realizados estudos com mangueiras preenchidas com terra ou areia, para criar paredes e cúpulas (*Figuras 2.16-1 e 2.16-3*). As mangueiras são feitas de um tecido tubular de polietileno, o qual se usa convencionalmente para silagem de grãos. Como enchimento inicialmente foram utilizadas areia e pedra-pomes.

Para evitar a decomposição das mangueiras de juta, foram aplicadas várias demãos de cal.

No protótipo Vivienda Antisísmica, na Guatemala, as paredes foram construídas com mangueiras de algodão preenchidas com pedras-pomes, submersas previamente numa argamassa de cal (*Figura 2.16-4*). As mangueiras foram estabilizadas em ambos os lados a montante de bambu e a cada quatro fiadas foram fixadas entre si com arame galvanizado (*Figura 2.16-5*).

Fig 2.16-1

Fig 2.16-4

Fig 2.16-2

Fig 2.16-3

Fig 2.16-5

Fig 2.16-6

Fig 2.16-7

Fig 2.16-8

Fig 2.16-9

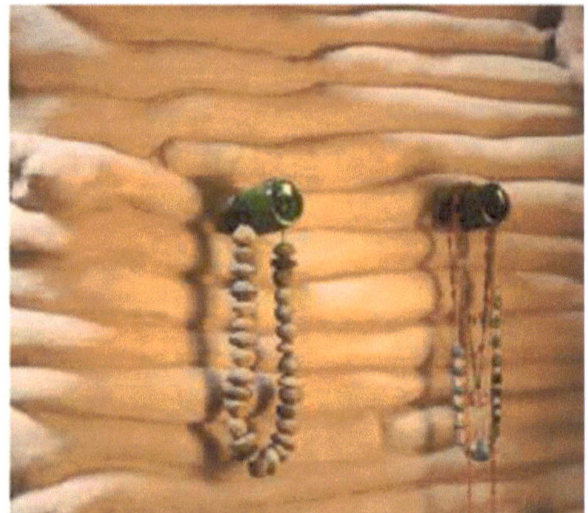

Fig 2.16-10

Atualmente, o autor tem utilizado este sistema com gaze tubular flexível. A vantagem é que as mangueiras podem ser moldadas facilmente sem adquirir rugas, criando formas esculturais. O barro precisa ser bem argiloso, misturado à argila expandida ou pedra-pomes. As *Figuras 2.16-6 a 2.16-10* mostram o uso desse sistema na casa do autor em Kassel, Alemanha. Nas *Figuras 2.16-11 a 2.16-13* são apresentados trabalhos feitos pelo autor para o quarto de outra casa na Alemanha.

Se essas partículas de argila expandida se tocam e o barro preenche apenas os espaços vazios entre elas, não há retração alguma durante a secagem das mangueiras. Para aumentar a massa térmica, pode-se adicionar cascalho no lugar das partículas minerais mencionadas, já que estas aumentam o efeito de isolamento térmico por conta do maior número de vazios criados no interior das mangueiras.

Antes de colocar as mangueiras na parede, estas devem ter sua superfície regularizada manual-mente para que o barro cubra a tela e, ao serem sobrepostas, haja aderência entre si. Em virtude da elasticidade do tecido tubular, essas man-gueiras podem ser moldadas facilmente sem a ocorrência de deformações, possibilitando criar formas esculturais. Geralmente é possível em-pilhar de três a cinco camadas por dia. Em seguida, pode-se facilmente alisar a superfície em estado úmido com uma esponja úmida. Este sistema não é apropriado para paredes autopor-tantes (estruturais).

Fig 2.16-11

Fig 2.16-12

Fig 2.16-13

Fig 2.17-1

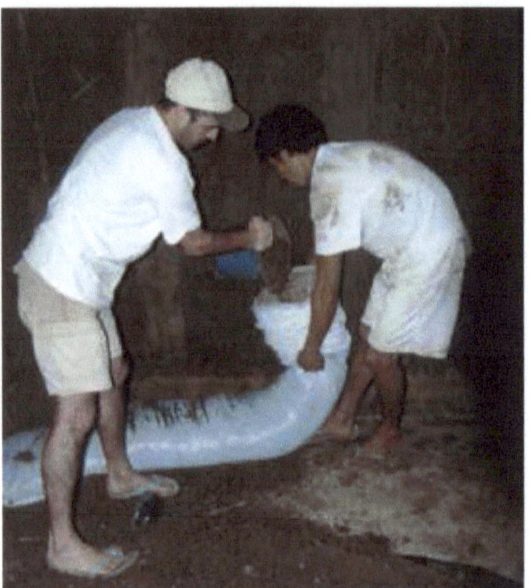
Fig 2.17-2

Fig 2.17-3

2.17 Parede de terra ensacada

O arquiteto Nader Khalili desenvolveu, nos anos 80, a ideia de construir paredes com sacos preenchidos com terra. A técnica se expandiu pela América, sendo conhecida popularmente como superadobe. Os sacos em formato cilíndrico são assentados em camadas sobrepostas à medida que são preenchidos com barro, dando forma à parede (*Figura 2.17-1 a 2.17-3*).

A incorporação do arame farpado entre as fiadas mostrou-se desnecessária, já que a umidade do solo corrói o arame e o efeito da estabilização é perdido. O reboco de uma parede de superadobe é muito trabalhoso, já que não se adere diretamente à tela sintética de que é feito o saco. Por conta disso, muitas pessoas queimam essa tela ou instalam uma tela de galinheiro ou tela plástica; deve-se considerar que o uso de malhas e fixadores metálicos não é recomendada, já que podem oxidar. Ao aplicar o reboco sobre a sacaria, é preciso levar em conta a forma irregular da parede e cuidar de manter a mesma espessura, para prevenir a ocorrência de fissuras. Normalmente aplica-se mais reboco nas junções entre sacos, uma vez que essa região é mais suscetível à ocorrência de fissuras.

As extremidades da sacaria muitas vezes não são compactadas suficientemente (*Figuras 2.17-4 e 2.17-5*). Além disso, muitas paredes apresentam retração durante a secagem do material. Em todo o caso, para aplicar o reboco, aconselha-se que as fiadas estejam completamente secas e que não haja mais sinais de retração. Como base para o reboco recomenda-se utilizar uma malha sintética.

Para acelerar o processo de secagem e reduzir a retração, atualmente utiliza-se uma mistura de terra com 10% de cimento. Então, já não se trata de barro, mas, sim, de "solo-cimento".

No Brasil, Fernando Pacheco utilizou uma malha plástica tubular de alta densidade (PEAD) e chama esse sistema de *hiperadobe*. Sua vantagem é que o reboco adere diretamente às mangueiras, além de ser mais econômico.

Fig 2.17-4

Fig 2.17-5

2.18 Parede de estacas enroladas com barro

Na Alemanha e França, algumas paredes não estruturais, nas habitações tradicionais, são preenchidas, algumas vezes, por meio de uma técnica denominada *wickelstaken*, que consiste num mistura de barro e palha enrolada ao redor de uma estaca de madeira, como se vê na *Figura 2.18-1*. Essa técnica requer menos trabalho que a técnica mista e apresenta a vantagem de que, ao secar, praticamente não apresenta fissuras por retração.

Empregam-se, principalmente, dois sistemas: um consiste em submergir a estaca coberta de palha no barro, retirando-a com um movimento giratório; no outro, uma esteira de palha misturada ao barro é enrolada diretamente sobre a estaca de madeira.

No Laboratório de Construções Experimentais (FEB, sigla alemã) da Universidade de Kassel, Alemanha, foi testada uma alternativa para esta técnica, que consistiu em utilizar uma mistura com alto conteúdo de areia grossa aplicada a uma malha plástica (comumente utilizada para reforçar rebocos).

A argamassa de terra foi aplicada sobre a malha com uma espessura de aproximadamente 2 cm em ambas as faces e, depois, foi enrolada ao redor de uma vara de bambu, formando assim o elemento de enchimento (*Figuras 2.18-2 a 2.18-6*). Foi uma surpresa o fato de que não apareceram fissuras por retração nesta técnica.

Fig 2.18-1

Fig 2.18-2

Fig 2.18-5

Fig 2.18-3

Fig 2.18-4

Fig 2.18-6

Fig 2.19-1

Fig 2.19-2

2.19 Parede de barro com modelagem direta (COB)

A modelagem manual direta em paredes com bolas de barro plástico ou cilindros plásticos de barro é uma técnica primitiva, bem conhecida na África e Ásia. Com este sistema, não há necessidade de ferramentas ou moldes. A desvantagem é a retração durante a secagem. Por isso é necessário adicionar muitas fibras e partículas grossas, como o cascalho, para reduzir a retração. Esta técnica é mais apropriada para climas quentes do que para os frios, já que a secagem da parede demora muito quando o barro contém palha.

No norte do Iémen construíram-se edifícios de vários pisos com esta técnica, denominada de *zabur*. A superfície é compactada e uniformizada golpeando-a com uma desempenadeira de madeira (*Figuras 2.19-1 a 2.19-3*).

Na Inglaterra, desde o século XV tem sido usado um sistema de modelagem direta, denominado de cob. Nesta técnica moldam-se bolas de barro com palha que são lançadas com força, em camadas, erguendo-se a parede. A superfície é compactada e uniformizada golpeando-a com uma pá de madeira.

Na Alemanha, conhece-se uma técnica similar chamada *wellerbau*. Trata-se de uma mistura de barro e palha que é aplicada com um tridente na parede e compactada com os pés ou pilão. A parede é construída em camadas de 80 cm e, após o período de secagem, a superfície é suavizada com uma pá afiada, deixando-a lisa (*Figura 2.19-4*).

Fig 2.19-3

Fig 2.19-5

Fig 2.19-6

Fig 2.19-4

Fig 2.19-7

Fig 2.19-8

Fig 2.20-1

2.20 Paredes com tubo de papel

As imagens nesta página mostram uma técnica que foi desenvolvida pelo construtor argentino Damián Cárdenas. Aqui são empregados tubos de papel reutilizados (provenientes de rolos de tela, papel ou plástico). São fixados com grampos entre os montantes e uma parede, com um espaço entre tubos de aproximadamente 5 cm (*Figura 2.20-1*). A estrutura é preenchida com uma mistura de palha e argila, cobrindo os tubos com uma camada de 2 cm de espessura (*Figuras 2.20-2 e 2.20-3*).

Se os tubos de papel são muito lisos e o barro não adere, então deve-se deixá-los ásperos ou pintá-los com uma argamassa rica em argila.

As vantagens para a parede resultante são: a construção é relativamente veloz, seca rapidamente e apresenta bom isolamento térmico.

Fig 2.20-2

Fig 2.20-3

2.21 Paredes de barro projetado

Neste capítulo são apresentados dois métodos para projetar o barro sob alta pressão em estruturas portantes, a fim de erguer paredes.

David Easton, da Califórnia, constrói paredes antissísmicas a partir de argila estabilizada com cimento, a qual é projetada sobre uma malha electrossoldada fixada numa estrutura (*Figuras 2.21-1 a 2.21-3*). Para projetar a mistura por meio de uma mangueira de 38 mm necessita-se de um forte compressor que consiga produzir 21 m³ de ar por minuto.

Na página seguinte, as *Figuras 2.21-4 a 2.21-8* mostram uma casa, desenhada pelo arquiteto chileno Marcelo Cortés, que utiliza uma técnica similar, denominada de *quincha metálica*. Nela, injeta-se uma mistura de argila, palha picada, areia, cal e água em um esqueleto de aço coberto em ambos os lados com uma estrutura de ferro como reforço e uma fôrma na parte traseira.

Fig 2.21-1

Fig 2.21-2

Fig 2.21-3

Fig 2.21-4

Fig 2.21-5

Fig 2.21-6

Fig 2.21-7

Fig 2.21-8

3. REBOCOS DE TERRA

3.1 Introdução

Em alguns países, a palavra "reboco" é substituída por *pañete*, *repello*, *acabado* ou *friso*, e se usam tanto a palavra "barro" como a palavra "terra". Em muitos casos tem-se empregado os rebocos de barro na restauração de construções com terra. Alguns rebocos de cimento têm afetado as construções, como, por exemplo, na restauração da Igreja de São Francisco de Assis, em Rancho de Taos, Estados Unidos, construída em 1815 com adobes (*Figura 3.1-1*) e rebocada com barro. Em 1967, foi revestida com um reboco de cimento, que, onze anos depois, precisou ser substituído por outro à base de terra. Em virtude da presença de fissuras no reboco de cimento, a água penetrou até o barro, provocando inchamento e desprendimento de grandes placas do reboco (Burgeois, 1991).

O reboco de cimento é muito frágil e racha com facilidade diante de alterações bruscas de temperatura e impactos mecânicos, como, por exemplo, os que ocorrem pela passagem de caminhões nas redondezas das edificações ou por ligeiros tremores causados por abalos sísmicos. O reboco de barro é mais elástico e, por isso, menos suscetível a fissuras que o reboco de cimento.

Fig 3.1-1

Fig 3.2-1

Fig 3.2-2

3.2 Adições para rebocos de terra

Para prevenir a incidência de fissuras por retração durante a secagem do barro com alto teor de argila presente nos rebocos, é necessário realizar estabilização com adição de areia grossa de 0,6 a 2 mm, cascalho de até 4 mm de tamanho dos grãos (*Figura 3.2-3*), fibra vegetal, palha cortada (*Figura 2.4*), feno, grama, cânhamo ou aparas de madeira (*Figura 3.2-2*), serragem ou casca de arroz (*Figura 3.2-1*).

Nas *Figuras 3.7-6 a 3.7-8*, os rebocos com adições estabilizantes são apresentados sob a ação da limpeza da superfície com esponja, tal como se explica na *seção 3.7*. A adição de fibras de bambu, coco ou sisal e pelos de animais reduz a fissuração e aumenta a resistência. O comprimento das fibras não deve ser maior de que 3 cm e, no caso de rebocos finos, não maior que 0,5 cm.

Fig 3.2-3

Fig 3.2-4

Uma dica valiosa é não utilizar granulometria maior que a metade da espessura do reboco. Além disso, o reboco adquire boa resistência quando se alcança uma variedade granulométrica no barro utilizado. Uma exceção é mostrada na *Figura 3.2-5*, em que se adicionou ao barro um cascalho com 4 a 8 mm de granulometria para aumentar a capacidade de armazenamento de calor do reboco.

Os rebocos arenosos, com pouca coesão, devem ser enriquecidos com argila. O mais apropriado é usar pó de argila, pois se mistura mais facilmente com o barro. Em todas as partes do mundo tem se evidenciado a adição de excremento de vaca para reduzir a formação de fissuras durante a secagem e aumentar a resistência à abrasão e erosão. Com excremento de vaca, o reboco adquire melhor aderência à parede. Na *seção 3.10* são mencionadas algumas adições especiais que melhoram a resistência à erosão causada pela chuva.

Fig 3.2-5

3.3 Bases e suportes para o reboco

As paredes que receberão o reboco devem apresentar uma superfície rugosa, já que o reboco não se fixa quimicamente ao substrato. As partículas soltas devem ser limpas ou escovadas. As superfícies lisas de barro devem ser umedecidas e, utilizando-se utensílios apropriados (*Figura 3.3-1*), devem ser feitas ranhuras para permitir a aderência do reboco (*Figura 3.3-2*). A fim de umedecer uniformemente a superfície, é apropriado utilizar um aspersor, semelhante ao empregado por jardineiros (*Figura 3.3-4*). Se a superfície estiver fresca, é melhor usar uma escova de aço dentada (*Figura 3.3-3*).

Superfícies lisas de concreto ou paredes de alvenaria, assim como placas de gesso, devem receber um tratamento especial, feito com uma argamassa de cimento e areia grossa com granulometria entre 0-4 mm, numa proporção de 1:3. Deve predominar uma granulometria entre 2-4 mm. Geralmente a aplicação é feita de forma que 70% da superfície seja preenchida. Se o substrato apresentar alto índice de absorção, é viável umedecer a superfície antes.

Perfis de madeira, placas de OSB, perfis de aço e pranchas de polietileno não são apropriados para receber o reboco diretamente. Como suportes para reboco são adequadas as esteiras de bambu ou cana; também servem as malhas plásticas ou de metal expandido (*Figuras 3.3-4 e 3.3-5*).

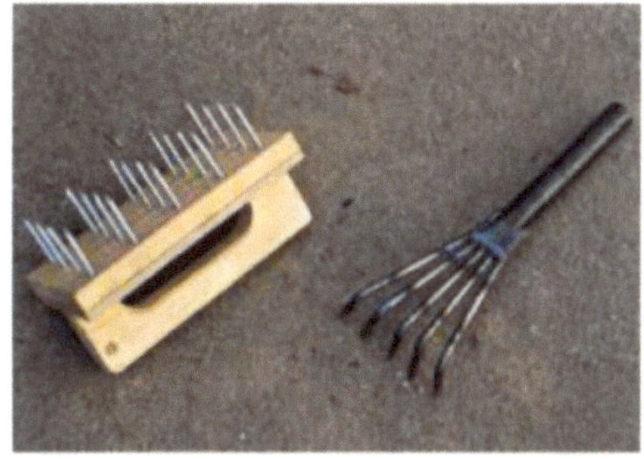

Fig 3.3-1

Fig 3.3-2

Fig 3.3-3

Fig 3.3-4

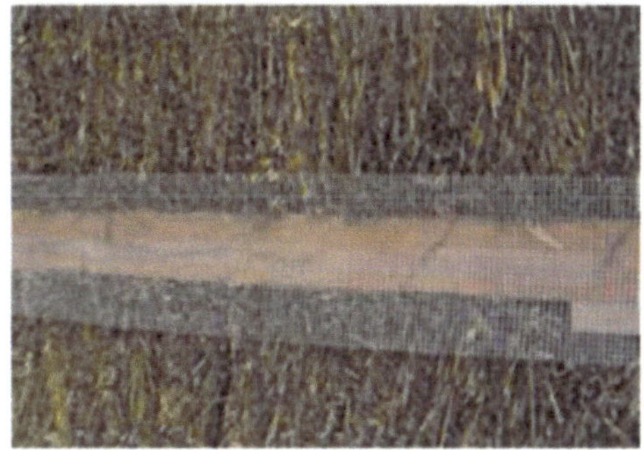

Fig 3.3-5

Fig 3.4-1

3.4 Camadas do reboco

O reboco base (reboco interno) serve para corrigir desníveis ou irregularidades no substrato e criar uma superfície homogênea. Pode ser lançado com uma trolha (colher de pedreiro), com as mãos enluvadas (*Figura 3.4-1*) ou simplesmente com uma desempenadeira (*Figura 3.4-2*). Também é possível projetá-lo mecanicamente com uma bomba (*Figura 3.4-3*). Finalmente se aplaina com uma desempenadeira (*Figura 3.4-4*), de maneira que se obtenha uma espessura entre 8 e 15 mm. Depois pode-se alisar com uma ferramenta especial, como se vê na *Figura 3.4-5*.

Fig 3.4-2

Fig 3.4-3

Fig 3.4-4

Fig 3.4-5

As *Figuras 3.4-6 e 3.4-7* mostram a proteção de uma primeira camada de reboco sobre uma parede de fardos de palha com um simples aparato construído pela FEB da Universidade de Kassel, Alemanha. Uma massa líquida de barro é usada para preencher um recipiente cilíndrico até ¾ do seu volume. O volume restante é preenchido com ar usando-se um compressor. O reboco é projetado com uma mangueira, a qual se deve fechar um pouco com o polegar na extremidade de saída. Em casos especiais, uma única camada de reboco pode ser suficiente.

Geralmente são feitas ranhuras horizontais e diagonais no reboco utilizando-se uma escova dentada (*Figura 3.4-8*) para permitir que a próxima camada adira bem. Em caso de rebocos mais grossos e com bases diferentes, pode ser útil instalar uma malha telada para evitar fissuração durante o período de secagem (ver *seção 3.7*). O reboco superficial (reboco externo) é a última camada de barro e, geralmente, tem uma espessura entre 5 e 8 mm. A superfície deve estar livre de fissuras depois de seca. Caso haja fissuras, deve-se apertar, esfregar e selar de qualquer outra forma (ver *seção 3.5*). Pode ser aplicado um reboco fino com aproximadamente 2 a 4 mm, com uma granulometria entre 0 e 0,4 mm ou de 0 a 0,8 mm sobre o reboco superficial ou sobre a própria parede. A regularização deste reboco é realizada no estado praticamente endurecido, com a trolha ou desempenadeira, de modo que se obtenha uma superfície lisa, muitas vezes brilhosa. Uma alternativa ao reboco fino pode ser uma pintura de terra, aplicada com uma brocha ou pincel longo; finalmente, pode-se alisar a superfície com uma desempenadeira apropriada.

Fig 3.4-8

Fig 3.4-6

Fig 3.4-7

Fig 3.6-1

3.5 Reforço com malhas

O reforço em rebocos é feito com a instalação de uma tela dentro de uma de suas camadas, com a finalidade de evitar a ocorrência de fissuras ou, ao menos, reduzi-las. As mais apropriadas são as telas sintéticas ou de fibra de vidro cobertas por material sintético com uma abertura da malha na ordem de 10 mm x 10 mm. A tela é inserida na base do reboco úmido e revestida com a segunda camada de reboco. Telas com malha de juta ou outras fibras vegetais não são tão apropriadas, já que não permitem muita tensão, não sendo muito eficientes para prevenir a ocorrência de fissuras. Telas de aço galvanizado, como tela de galinheiro ou similares de metal, não são apropriadas em rebocos exteriores, uma vez que oxidam com a umidade proveniente da chuva.

Fig 3.6-2

Fig 3.6-3

3.6 Desenho decorativo

Na Itália, desde o século XV, utiliza-se a técnica *sgraffito* em rebocos de cal, sendo também executada em rebocos à base de terra. A técnica consiste em sobrepor várias camadas com cores diferentes, que, após o período de secagem, recebem desenhos em linhas ou superfícies que alcançam diferentes camadas inferiores.

Com a superfície ainda úmida, pode-se fixar conchas, pedras ou partes de plantas. Na *Figura 3.6-1* vê-se um reboco em que foram empregados grãos de café. Um desenho interessante de superfície pode obtido ao se utilizarem diferentes tipos de terra, mesclando-as indistintamente na parede, com resultados semelhantes ao que se mostra na *Figura* 3.6-2. A *Figura 3.6-3* apresenta uma figura que foi esculpida na superfície de barro. As *Figuras 3.6-4 a 3.6-7* expõem superfícies conformadas com o uso de uma colher, a partir de escavações no barro ou impressões feitas com espátula.

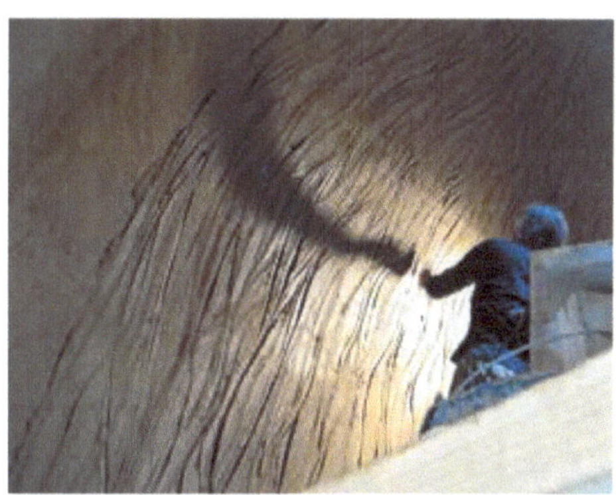

Fig 3.6-4

Fig 3.6-5

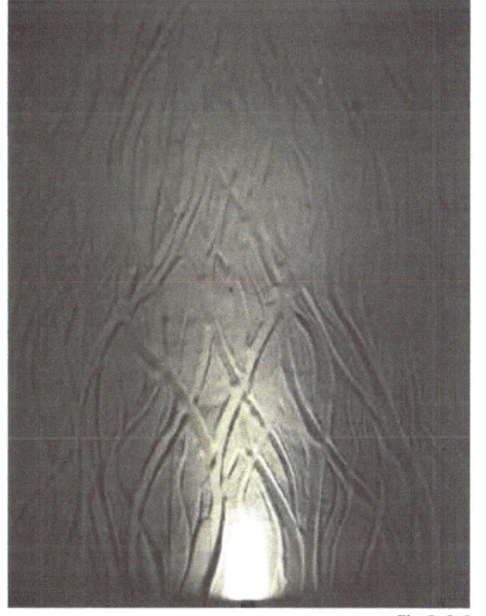

Fig 3.6-6

Fig 3.6-7

Fig 3.6-8

Fig 3.6-12

Com uma mistura de barro a partir de muita argila e fibras suficientes podem ser feitos desenhos criativos, como a iguana que é mostrada na *Figura 3.6-8* e a parede da *Figura 3.6-9*. As *Figuras 3.6-10 e 3.6-11* mostram a parede de uma estufa com bolas de barro lançadas. Com o incremento da superfície de barro aumenta-se a capacidade de armazenar calor, assim como o equilíbrio de umidade, no interior da estufa. Luminárias moldadas no reboco e integradas à parede são mostradas na *Figura 3.6-12.*

Fig 3.6-9

Fig 3.6-12

Fig 3.6-10

Fig 3.6-11

Fig 3.7-1

Fig 3.7-2

3.7 Tratamento da superfície

Alisamento e polimento

Para evitar irregularidades na superfície é preferível uniformizá-la ainda em estado fresco, com uma desempenadeira de madeira e movimentos circulares, deixando a superfície plana e pouco rugosa, em que as partículas de areia podem ainda ser visualizadas (*Figura 3.7-1*).

Um aspecto ainda mais liso da superfície pode ser obtido mediante a pressão exercida por uma espátula ou paleta plástica, quando o barro estiver começado a secar; nesta condição, o uso de ferramentas metálicas não é recomendável porque a abrasão do material escurece a superfície. Por meio da pressão, as partículas mais grossas adentram o reboco, enquanto as mais finas emergem à superfície; desta maneira também se corrigem as fissuras finas e poros, promovendo uma superfície brilhosa (*Figura 3.7-2*).

A *Figura 3.7-3* mostra uma técnica tradicional de Gana na qual as paredes de terra são cobertas com uma tinta à base de argila e, no estado quase seco, são alisadas com pedras arredondadas, pressionando-as com movimentos circulares e obtendo-se uma superfície brilhosa. Além disso, os poros na superfície são vedados, o que resulta numa parede quase impermeável.

Fig 3.7-3

Fig 3.7-4

A *Figura 3.7-4* mostra o efeito brilhoso de uma superfície de terra a partir do tratamento com pedra arredondada, sem aplicar tinta à base de argila. O alisamento da superfície que veda os poros finos também pode ser obtido esfregando-se a superfície quase seca com uma escova apropriada, de cerdas suaves, como a que se usa para limpar sapatos. Assim, são melhor visualizadas as partículas grossas na superfície e as finas selam os poros, então a superfície adquire uma cor mais escurecida (*Figura 3.7-5*).

Tratamento com feltro e esponja

Para alisar a superfície do reboco podem ser usadas esponjas úmidas ou desempenadeiras com revestimento de feltro umedecido. Os pequenos orifícios e as fissuras finas são regularizados com movimentos circulares, sendo aplicada uma leve pressão se a superfície estiver úmida ou pressão maior se estiver quase seca (*Figura 3.7-6*)

Por meio da aplicação sucessiva de uma esponja úmida sobre a superfície do reboco em um estado seco, ou quase seco, evidenciam-se as adições de palha, casca de arroz, aparas de madeira, serragem, cascalho ou similares (*Figuras 3.7-7 e 3.7-8*). Para este processo é necessário lavar a esponja muitas vezes com água limpa.

Fig 3.7-5

Fig 3.7-6

Fig 3.7-7

Fig 3.7-8

3.8 Tintas e fixadores

Quase todos os tipos de tinta apresentam boa aderência sobre superfícies de barro. Deve-se observar que as tintas à base de azeite, ou as que possuem aglutinantes sintéticos associados, alteram as propriedades higroscópicas da parede, comportando-se como barreiras para o transporte das partículas de água (vapor). Por outro lado, as tintas à base de cola e minerais não atuam dessa forma, permitindo que a parede mantenha suas propriedades.

Para realçar as cores do reboco pode ser utilizado pó de óxido de ferro vermelho, amarelo e preto, sendo possível obter diferentes tonalidades de cor. Com a adição de metilcelulose, a tinta de terra apresenta melhor consistência e melhor resistência à abrasão após a secagem. A coloração branca pode ser obtida com uma tinta à base de cal; para confeccioná-la dissolve-se a cal em pó ou a cal hidratada em água em abundância. Quanto mais fina a tinta de cal, melhor será sua absorção pela parede de terra. Recomenda-se aplicar de três a quatro demãos, observando-se que, a partir da segunda até a quarta, a tinta contenha cada vez menos água.

Na *Figura 3.11-7* vê-se uma aplicação equivocada de várias camadas de tinta de cal sobre uma parede de barro. Neste caso, a pintura utilizada era muito grossa e não penetrou as camada de terra mais internas, resultando em fraca união com o substrato. Além disso, havia fissuras pelas quais a água da chuva penetrou, provocando dilatação na parede de terra. Se as superfícies de terra não possuem adequada resistência à abrasão e soltam partículas de areia, devem ser reforçadas. Isto pode ser feito, por exemplo, a partir da aplicação de metilcelulose, grude, argamassa de caseína e cal ou silicato de potássio diluído em água.

Pode-se obter também uma tinta aglutinante transparente com efeito de seda fosco, misturando de oito a nove partes de queijo fresco sem gordura e uma parte de pó de cal. A mistura deve ser realizada por aproximadamente dois minutos, sem adição de água, em um misturador. Por reação química, forma-se o albuminato de cal, um produto de forte aderência. Adiciona-se posteriormente água para estabilizar a solução. O queijo sem gordura pode ser substituído pela caseína em pó, uma vez que esta última contém até nove vezes mais caseína que o queijo fresco sem gordura.

O grude pode ser feito com farinha de trigo ou centeio, tomando uma parte de farinha moída (farinha integral não é indicada) com duas partes de água, homogeneizando-se bem a mistura até que não sejam observados grumos. Esta mistura é então cozida em seis partes de água, fervendo-se e mexendo-se vigorosamente a mistura até que se obtenha uma consistência pastosa e translúcida. Deve-se em seguida passar a mistura pela peneira, para reter os grumos e obter uma massa homogênea, que será em seguida estabilizada por diluição novamente com água para sua aplicação.

Materiais	E	F	G	H	J	K	L	M	N	O
				Rebocos para o interior						
Solo amarelo		1		2						1
Solo vermelho	1,5				1	1			1	
Solo branco							1	1		
Areia preta 0-2 mm	3	2	1	1	4	4,5				
Areia branca 0-2 mm								4	1	1,5
Areia branca 0-6 mm							3		3	2
Excremento bovino, solo, areia 1:1:1, fermentado		3	4	1						
Casca de arroz	1		0,5	1						
Pasta de papel						0,5				
Palha cortada			0,5							
Serragem		0,5								
Aparas de madeira		0,5								

Fig 3.9-1

3.9 Rebocos de barro sem adição

Denominam-se rebocos de barro puro, rebocos de terra crua ou rebocos de argila aqueles cuja argila é o único aglutinante presente. Estes rebocos apresentam-se solúveis mesmo depois de secos e endurecidos. Caso haja a adição de cal, cimento, betume ou outros aglutinantes, então são chamados de rebocos de barro estabilizado, que deixam de ser solúveis (ver *seção 3.10*). Os rebocos de barro sem adição são geralmente utilizados nos interiores. No exterior, são empregados apenas se estiverem protegidos da chuva.

As seguintes figuras mostram superfícies de barro com três tipos de solo (amarelo, vermelho e branco), com diferentes adições (excremento de cavalo, serragem, aparas de madeira, casca de arroz, palha cortada, pasta de papel periódico) e vários tratamentos de superfície. Os componentes e proporções das misturas da segunda camada estão apresentados na *Figura 3.9-1*. A primeira camada foi executada com uma mistura mais argilosa, para aumentar a aderência com a parede, e com areia grossa, para reduzir as fissuras; a proporção utilizada foi solo amarelo: areia grossa => 1:1,25. O excremento de cavalo foi moído e misturado com o solo amarelo e a areia grossa na proporção 1:1:1, com água suficiente para resultar numa consistência pastosa, deixando a mistura fermentar durante um dia em um clima muito quente (em ambientes frios necessita-se de mais tempo). Também vale mencionar que o uso de excremento de vaca oferece maior ganho na resistência à abrasão que o de cavalo.

Todas as misturas mencionadas foram atestadas como favoráveis quanto a um mínimo de fissuras e uma boa resistência contra a abrasão durante um curso realizado pelo autor em Barichara, Colômbia. A *Figura 3.9-2* mostra a mistura H indicada na *Figura 3.9-1* com aspecto rugoso e, na *Figura 3.9-3*, a mesma superfície polida. A *Figura 3.9-4* apresenta a superfície da mistura G, e a *Figura 3.9-5* mostra a M com um tratamento especial.

Fig 3.9-2

Fig 3.9-3

Fig 3.9-4

Fig 3.9-5

3.10 Reboco de barro estabilizado

Denominam-se rebocos de barro estabilizado aqueles que, além de argila, contêm outros aglutinantes que os tornam impermeáveis. Esses rebocos não são solúveis em água nem reutilizáveis e se aplicam a paredes externas sem proteção, como, por exemplo, beirais.

Cimento

Como adição estabilizante contra a erosão causada pela água da chuva utiliza-se o cimento, sobretudo em solos com baixo teor de argila. Quanto maior o teor de argila, maior deve ser o teor de cimento adicionado. É preciso lembrar que o cimento e a argila são "inimigos": as partículas de cimento isolam os minerais de argila, eliminando, dessa maneira, as forças de atração elétrica entre os íons metálicos, já que rompe sua capacidade de aglutinação.

Como é mostrado na tabela da *Figura 3.10-1*, uma ínfima quantidade de cimento reduz a resistência à compressão do reboco. A partir da adição de 5% no reboco argiloso ou 7% no reboco siltoso, alcança-se a mesma resistência à compressão sem adição de cimento. Uma regra valiosa revela que se deve adicionar entre 5% e 10% de cimento; caso contrário será considerado como reboco de cimento e não de terra.

Cal

Em solos argilosos, a estabilização com cal é mais efetiva do que com cimento. Melhores resultados são obtidos quando se utiliza cal hidratada em pasta. Deve-se evitar secagem muito rápida, por isso recomenda-se cobrir a parede com lonas úmidas ou aspergir água durante o processo de secagem; isso se dá pelo fato de a cal precisar de CO_2 para a carbonatação e de certa quantidade de umidade para completar essa reação química. É preferível a aplicação de camadas finas para acelerar esse processo.

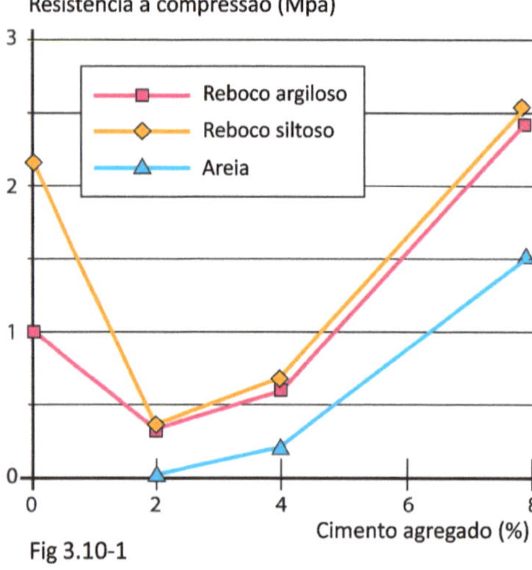

Fig 3.10-1

Cal e cimento

A argila do tipo montmorilonita reage melhor com a cal; a argila do tipo caulinita, melhor com o cimento. Dado que, normalmente, em um solo argiloso há uma mistura de diferentes argilas, recomenda-se utilizar a cal e o cimento simultaneamente. Como foi provado, é preferível uma quantidade de 4% a 6% para cada aditivo. Consultar tabelas nas *Figuras 3.10-5 e 3.10-6*.

Silicato de sódio

O silicato de sódio é um bom estabilizante para solos arenosos; é fortemente alcalino e deve ser dissolvido em água numa proporção de 1:2 a 1:8 antes de adicionado, já que, do contrário, aparecem microfissuras no reboco, que provocam absorção de água para o interior da parede. Esta solução também pode ser aplicada como tinta para estabilizar a superfície.

Produtos de origem vegetal

Seiva de plantas oleosas com teor de látex, como sisal, agave, cactos (*Opuntia ficus*), bananeira e euphorbia herea, usualmente em combinação com a cal, tem sido utilizada para a produção de tintas estabilizantes em muitos países. O óleo de linhaça duplamente cozido tem sito muito efetivo, porém reduz notavelmente a difusão do vapor pela parede, selando-a. Outra receita consiste em adicionar entre 2% e 3% de grude elaborado com farinha de trigo ou centeio. Prepara-se da seguinte maneira:

- Dissolver 1 parte de farinha em água.
- Adicionar de 2 a 2,5 partes de água fervendo e cozinhar em fogo baixo, mexendo constantemente até que se forme um creme transparente.
- Passá-lo na peneira para obter um creme livre de grumos.

Produtos animais

O emprego de excremento de vaca como adição estabilizante está muito difundido em todos os continentes. Investigações sugerem que o excremento diluído em água ou fresco seja misturado a uma pasta de barro (barbotina) na proporção de 1:1 e repouse por um dia em climas muito quentes ou até sete dias em climas para que fermente. Assim, ocorre o intercâmbio de íons entre os minerais de argila e os componentes do excremento. Finalmente, mistura-se a argamassa na relação 1:2 a 1:4 com o barro. Pesquisas realizadas na FEB da Universidade de Kassel, Alemanha, mostraram que o processo de fermentação aumenta a resistência à abrasão e a resistência à compressão em aproximadamente 15%. Os chineses conheciam esse processo de fermentação já havia mil anos, utilizando-o para a fabricação de porcelana; para tal, mistura-se caulinita com urina decomposta.

Combinação de produtos animais e cal

Há muitas receitas antigas de rebocos nas quais se mistura a cal com produtos animais. A seguir se apresentam algumas recomendações:

- *Cal e urina*: 1 parte de pó de cal com 1 a 3 partes de barro arenoso, embebido em urina de cavalo durante 24 horas.
- *Cal e excremento bovino*: misturar 1 parte de cal hidráulica em 2 a 4 partes de excremento de vaca úmido, deixar repousar de 1 a 3 dias e, em seguida, misturar com 8 a 12 partes de barro arenoso. A cal reage quimicamente com as proteínas do excremento bovino, formando o albuminato de cálcio, substância insolúvel em água. As fibras celulósicas do excremento atuam como reforço.
- *Cal e caseína*: misturar bem 4 partes de cal hidráulica ou cal em pó (cal aérea) com 1 a 2 partes de queijo fresco sem gordura (o qual contém 11% de caseína) e, em seguida, adicionar 10 partes de barro arenoso. Pelo fato de em muitos países não haver queijo fresco sem gordura, pode-se utilizar caseína em pó. Em algumas receitas empregou-se soro de leite, embora no soro haja pouca caseína e, por esse motivo, o efeito é muito menor.

Emulsão asfáltica

Com uma adição de 4% a 8% de emulsão asfáltica pastosa, o barro arenoso alcança alta impermeabilidade para rebocos. Tem sido testada a adição de 4% para bases de reboco e 8% para rebocos externos. A *Figura 3.10-2* mostra um reboco de barro estabilizado com emulsão asfáltica em Santa Fé, Estados Unidos.

Fig 3.10-2

Fig 3.10-3

Fig 3.10-4

Estabilizantes sintéticos

Há uma grande quantidade de produtos sintéticos no mercado que podem impermeabilizar rebocos de barro: resinas sintéticas, silano, siloxano, silicone, acrilatos, etc. Porém, esses materiais são caros em comparação com os apresentados anteriormente e são utilizados principalmente para obter tintas impermeáveis.

Podem ser usados também na camada externa do reboco. Por via de regra, esses produtos evitam a capacidade de difusão do vapor através do reboco (ver também Minke, 2013, Cap. 12).

Exemplos de misturas

A *Figura 3.10-3* expõe seis rebocos diferentes, os quais foram executados durante um curso ministrado pelo autor em Mesa de los Santos, Colômbia, depois de permanecer cinco anos expostos à intempéries. Suas respectivas composições em volume são explicitadas na tabela da Figura *3.10-6*.

Deve-se observar que o reboco com óleo de linhaça duplamente cozido é mais difícil de ser aplicado, uma vez que possui menor aderência à parede, em comparação com os outros. Os rebocos com mistura de excremento bovino e o reboco com grude (amido de mandioca) mostraram-se ligeiramente desgastados pela chuva após os cinco anos; por esta razão, são menos recomendáveis se há presença de chuvas fortes.

A tabela da *Figura 3.10-7* mostra a composição de quatro ensaios realizados durante um curso ministrado pelo autor em Barichara, Colômbia, em que A1, por exemplo, é a primeira camada e A2, a segunda. Na primeira, sempre há areia grossa e, na segunda, areia fina em maior quantidade, para evitar fissuras (as fissuras finas da primeira camada não são nocivas, pelo contrário, ajudam na aderência da segunda).

Horas de resistência à abrasão

*Quark: queijo fresco sem gordura, com 11% de caseína.

Fig 3.10-5

Rebocos externos estabilizados

Componentes	Reboco A		Reboco B		Reboco C		Reboco D		Reboco E		Reboco F	
	1ª camada	2ª camada (1)	1ª camada	2ª camada	1ª camada	2ª camada	1ª camada	2ª camada	1ª camada	2ª camada	1ª camada	2ª camada
Barro argiloso saturado			2	2	1	1	1	1	1	1	1	1
Areia grossa (0-4 mm)	1,5	1	3	3	1	0,5	1,5	1,5	1,5	1	1,5	1,5
Areia fina (0-1 mm)	1	1	1	1	1	1,5	1	1	1	1,5	1	1
Excremento de vaca saturado 1:1 com barbotina fermentada	1	1	1	1							0,5	1
Cal									5%	5%		
Cimento									5%	5%		
Emulsão asfáltica							5%	6%				
Grude					3%	4%						
Caldo de caseína + cal 1:1											3%	3%
Óleo de linhaça			4%	4%								

(1) Aplicado com esponja.

Fig 3.10-6

Rebocos externos

Materiais	A1	A2	B1	B2	C1	C2	D1	D2
Solo amarelo	1	1	1	1			1	1
Solo vermelho					1	1		
Areia branca 0-2 mm		3		2,5		4		2,5
Areia branca 0-6 mm	2,5		2		3		2	
Emulsão asfáltica	6%	8%						
Cimento			4%	6%	4%	6%		
Cal hidratada			4%	6%	4%	6%		
Óleo de linhaça duplamente cozido							2%	4%

Fig 3.10-7

Essas misturas estabilizantes que protegem as paredes da água da chuva mostraram total resistência contra um jato de água muito forte (*Figura 3.10-4*). Os rebocos estabilizados com emulsão asfáltica e óleo de linhaça só apresentam essa resistência quando estão totalmente secos.

A secagem do óleo de linhaça duplamente cozido pode levar, dependendo do clima, de dias a semanas. Além disso, o reboco estabilizado com emulsão asfáltica absorve pouca água e sua superfície é macia (para verificar este efeito pressiona-se a superfície com a unha).

Fig 3.11-1

3.11 Reparo de defeitos

Como método de reparo para fissuras grandes, recomenda-se que sejam ampliadas no formato de V, umedecidas profundamente e em seguida preenchidas com reboco quase seco, adicionando-se também pedras ou cacos de telha (para evitar que as fissuras ressurjam e para que sequem mais rapidamente); ver as *Figuras 3.11-1 a 3.11-3*.

Se áreas maiores se desprendem da base da parede (que podem ser identificadas a partir do ruído característico provocado por algumas leves batidas sobre a superfície da parede), então devem ser retiradas e refeitas por completo.

As fissuras finas, como as mostradas na *Figura 3.11-4*, não comprometem a integridade e função do reboco interno, mas são esteticamente desagradáveis. Caso sejam muito finas, então, num estado praticamente seco, podem ser fechadas pressionando-as com muita força com uma espátula ou paleta plástica (*Figura 3.11-5*) ou aplicar movimentos circulares com a esponja úmida (*Figura 3.11-6*).

Fig 3.11-2

Fig 3.11-3

No caso de falhas decorrentes da má aplicação da tinta (*Figura 3.11-7*), que não penetrou suficientemente na parede (o que ocasiona desprendimentos), deve-se retirar completamente o reboco e proceder com o reparo por completo.

Fig 3.11-4

Fig 3.11-5

Fig 3.11-7

Fig 3.11-6

Fig 3.11-8

Fig 3.11-9

Fig 3.11-10

Pode-se também preencher as fissuras com uma pasta fina de barro, de outra cor, como recurso de desenho artístico (*Figuras 3.11-8 a 3.11-10*). Na *Figura 3.11-9* vê-se a aplicação da esponja úmida, com a finalidade de deixar somente o barro de coloração mais escura, como contraste nas fissuras preenchidas.

4. REFERÊNCIAS BIBLIOGRÁFICAS

MINKE, G. (2013): *Manual de construcción con tierra* (4ta ed.), BRC Argentina.

MINKE, G. (2005): *Manual de construcción para viviendas antisísmicas de tierra*, Kassel, Alemania (pode ser baixado em: www.gernotminke.de/publikationen).

MUKERJI, K. (1988): *Soil bloks presses, product information*, GTZ, Eschborn.

SMITH, R. G.; Webb, D. T. J. (1987): *Small scale manufacture of stabilized soil bricks*, Technical Memorandum Nº12, International Labour Office, Genova.

CRATerre, (1991): *Compressed earth block*, Production Guidelines, GTZ, Eschborn.

5. CRÉDITOS DAS IMAGENS

1.3-4 a 1.3-9   E. Federzoni

2.6-4 a 2.6-6   K. Weller

2.7-1, 2.7-2   K. Weinhuber

2.7-4 a 2.7-9   Fundación Terra Viva

2.8-1, 2.8-2   S. Dufter

2.8-3, 2.8-4   C. Placitelli

2.11-5   A. Gross

2.13-4, 2.13-5   H. Holzhauer

2.13-8, 2.13-9   S. Wolf

2.19-1, 2.19-2   G. Lukas

2.19-3   F. Dressler

2.19-5 a 2.19-8   O. Balliu

2.20-1 a 2.20-3   D. Cárdenas

2.21-1 a 2.21-3   C. White

2.21-4 a 2.21-8   M. Cortés

3.6-3   J. Depta

3.7-3   H. Schreckenbach

3.10-1 e 3.10-7   M. Garderet

3.10-1, 3.10-5, 3.10-6   A. Moreno

Demais imagens   G. Minke